2014 年全国高校移动互联网应用开发创新大赛

优秀作品精选

移动互联网应用开发与创新

鲍　泓　主编

高润泉　和青芳　盛鸿宇　副主编

电子工业出版社

Publishing House of Electronics Industry

北京 · BEIJING

内 容 简 介

本书是对 2014 年全国高校移动互联网应用开发创新大赛的总结，内容包括大赛概况、组委会及专家评委名单、评审指标及获奖名单、优秀作品精选等内容。书中精选了大赛部分优秀作品，作品结合移动互联网的特点，构思新颖，亮点突出，展现出当代大学生的创意思维与创新设计能力，并具有很高的实际应用价值。

本书可作为参赛院校师生的指导用书和参考资料，也可作为移动互联网应用开发者学习和实践的参考用书。

图书在版编目（CIP）数据

移动互联网应用开发与创新 / 鲍泓主编. —北京：电子工业出版社，2016.1
ISBN 978-7-121-27973-7

Ⅰ. ①移… Ⅱ. ①鲍… Ⅲ. ①移动通信—互联网络—研究 Ⅳ. ①TN929.5

中国版本图书馆 CIP 数据核字（2015）第 317947 号

责任编辑：许存权
特约编辑：刘海霞　王　燕
印　　刷：北京虎彩文化传播有限公司
装　　订：北京虎彩文化传播有限公司
出版发行：电子工业出版社
　　　　　北京市海淀区万寿路 173 信箱　邮编　100036
开　　本：720×1000　1/16　印张：19.25　字数：431 千字
版　　次：2016 年 1 月第 1 版
印　　次：2019 年 7 月第 2 次印刷
定　　价：65.00 元

凡所购买电子工业出版社图书有缺损问题，请向购买书店调换。若书店售缺，请与本社发行部联系，联系及邮购电话：（010）88254888。

质量投诉请发邮件至 zlts@phei.com.cn，盗版侵权举报请发邮件至 dbqq@phei.com.cn。

服务热线：（010）88258888。

引言

　　我们相信，Android 的未来，关键取决于能为手机用户带来惊喜而有趣的应用程序，而应用程序正是出自开发者之手。

　　2014 年，我们特意面向全国大学生——有创意、想实践的同学，举办了 2014 年全国高校移动互联网应用开发创新大赛，为校园里感兴趣 Android 应用开发的同学提供一个学习和分享的平台。大赛在教育部科技发展中心的主管下，将拓展到更多院校，让更多感兴趣 Android 开发的同学在大赛平台上动手实践，将创新的想法，实现 Android 手机应用程序！

第四部分 优秀作品案例精选   **14**

第一部分

大赛概况

为进一步提高高校学生在移动互联网领域的应用创新能力，培养学生团队的自主创新创业意识，促进高校积极开展相关专业实践和技术人才培养，教育部科技发展中心定于2014年4月～2014年11月举办2014年全国高校移动互联网应用开发创新大赛。

主管单位： 教育部科技发展中心
主办单位： 互联网应用创新开放平台联盟
承办单位： 北京联合大学　电子信息技术实验实训基地
协办单位： 北京联合大学　教育文化互联网创新应用示范基地
　　　　　　北京市信息服务工程重点实验室
　　　　　　中国电子学会云计算专家委员会

竞赛花絮

图1　颁奖典礼现场

图2　副校长黄先开致欢迎辞

图3　副校长鲍泓致感谢辞

图4　本科组专家组长黄心渊对作品进行精彩点评

图5　教育部科技发展中心主任李志民作重要讲话

图6　获奖学生代表发言

图7　获奖指导教师代表发言

图8　李德毅院士为高职组特等奖颁奖

图9　李志民为本科组特等奖颁奖

图10　副校长黄先开为本科组和高职组一等奖颁奖

图 11　副校长鲍泓为本科组和高职组优秀组织单位颁奖

图 12　本科组决赛答辩现场

图 13　高职组场地竞赛现场

组委会及专家评委名单

组委会名单

主　　任：李德毅　　中国工程院 院士
副 主 任：鲍　泓　　北京联合大学 副校长
委　　员：（排名不分先后）

戴琼海　　清华大学
姜　明　　北京大学
杨　鹏　　北京联合大学
王慧强　　哈尔滨工程大学
赵泽宇　　复旦大学
须　德　　北京交通大学
王劲松　　天津理工大学
何炎祥　　武汉大学
聂瑞华　　华南师范大学
张有谊　　青海民族大学
丘达明　　香港中文大学
武马群　　北京信息职业技术学院

专家委员会

主　　任：黄心渊　中国传媒大学
委　　员：任　勇　清华大学
　　　　　马　严　北京邮电大学
　　　　　杨剑锋　武汉大学
　　　　　郭　晔　浙江大学
　　　　　朱志良　东北大学
　　　　　王　青　中山大学
　　　　　吕　科　中国科学院大学
　　　　　周庆国　兰州大学
　　　　　罗怡桂　同济大学
　　　　　陈文宇　电子科技大学
　　　　　杨秋翔　中北大学
　　　　　王　茜　重庆大学
　　　　　王天江　华中科技大学
　　　　　杜　煜　北京联合大学
　　　　　于　京　北京电子科技学院

秘书处

秘 书 长：高润泉　北京联合大学
副秘书长：梁　勇　教育部科技发展中心
　　　　　刘宏哲　北京市信息服务工程重点实验室
成　　员：魏志光　北京联合大学
　　　　　盛鸿宇　北京联合大学
　　　　　林志英　北京联合大学
　　　　　张翠霞　北京联合大学
　　　　　钟　丽　北京联合大学
　　　　　徐歆恺　北京联合大学
　　　　　沈允中　北京联合大学
　　　　　鞠慧敏　北京联合大学
　　　　　乐　娜　北京联合大学

初评专家名单（本科）

参评区域	评委名单	评委单位	所属区域
东北赛区评委	周庆国	兰州大学	西部赛区
	冯克鹏	宁夏大学	
	樊丽华	青海大学	
	赵凯	新疆大学	
	张骥先	云南大学	
	于勤	重庆科技学院	
华北赛区评委	吴明晖	浙江大学	华东赛区
	徐平平	东南大学	
	宋大鹏	泰山医学院	
	罗怡桂	同济大学	
	李超	南京邮电大学	
	段隆振	南昌大学	
	王筱婷	山东大学	
	陈波	浙江工业大学	
	王新	复旦大学	
华东赛区评委	张齐勋	北京大学	华北赛区
	张怡	天津大学	
	张宏涛	中国传媒大学	
	赵辉	北京工业大学	
	杨刚	中国人民大学	
	田萱	北京林业大学	
	吴亚峰	河北联合大学	
	张强	河北工程大学	
	刘晓光	南开大学	
华南赛区评委	李丹程	东北大学	东北赛区
	张志佳	沈阳工业大学	
	朱明	大连理工大学	
华中赛区评委	郑贵锋	中山大学	华南赛区
	郑灵翔	厦门大学	
	史卓	桂林电子科技大学	
	李粤	华南理工大学	
	郑灵翔	厦门大学	
	郭兴勇	中山大学	
西部赛区评委	杨剑锋	武汉大学	华中赛区
	郭成城	武汉大学	
	黄立群	华中科技大学	
	胡威	武汉科技大学	
	夏又新	武汉理工大学	
	陈立家	河南大学	

决赛专家名单（本科）

组长	黄心渊	中国传媒大学
副组长	张齐勋	北京大学
	和青芳	北京联合大学
秘书长	和青芳（兼）	北京联合大学
成员	贾卓生	北京交通大学
	罗怡桂	同济大学
	吴明晖	浙江大学
	杨剑锋	武汉大学
	张怡	天津大学
	刘宁	中山大学
	周庆国	兰州大学
	付冲	东北大学
	马严	北京邮电大学
	关永	首都师范大学
	纪占林	北京联合大学
	干勤	重庆科技学院
	张云泉	中科院计算所
	姚文明	中国电子科技集团第十五研究所
	朱爱民	Google
	韩少云	达内科技

第三部分

评审及获奖情况

本科竞赛评价指标体系（本科）

编号	评分项	说明	分值
1	作品创意*	（1）创意点能与手机的移动功能或互联网结合，创意点直观、便捷、易于操作（11-15） （2）创意点与手机功能结合不明显或缺少网络功能（6-10） （3）作品创意不突出或明显模仿现有产品（0-5）	15
2	技术可行性及亮点	（1）作品在实现创意点时有较高的技术难度与较多亮点（8-10） （2）作品在实现创意点时有一定技术难度与亮点（5-7） （3）作品在实现创意点时技术难度一般，没有明显技术亮点（0-4）	10
3	应用前景	（1）市场前景分析清晰、明确，有效解决安全性和隐私性，有完善的市场规划或已经上线运行并有较好的市场反馈（8-10） （2）市场前景分析比较清晰，对安全性和隐私性有所考虑，有一定的市场规划（5-7） （3）市场前景分析模糊不清，未考虑安全性和隐私性问题，没有市场规划（0-4）	10
4	UI 及人机交互设计	（1）作品功能描述完整、合理；UI 设计有特色，功能跳转自然、风格统一（11-15） （2）UI 设计较好，有风格不协调之处；作品功能描述不完整、缺乏合理性（6-10） （3）作品功能描述不清楚、前后矛盾，UI 设计一般（0-5）	15
5	功能实现	（1）软件能够流畅运行，界面功能设置合理，易于上手使用，对于目标客户群体具备较好的吸引力（29-40） （2）软件运行无误，能基本演示作品功能，但存在功能不完善之处（15-28） （3）软件无法运行或运行中报错，通过软件无法展现其文档中设计的功能（0-14）	40

续表

编号	评分项	说明	分值
6	文档设计	（1）作品描述清楚，有完整图文表述，文档规范（8-10） （2）作品描述清楚，有图文表述，文档有拼凑痕迹（5-7） （3）作品描述不清楚，无完整图文表述（0-4）	10
*	注释	作品的创新或创意点应有第三方证明或自主声明	

大赛本科组获奖名单

序号	奖项	学校	作品	队长	队员	队员	队员	队员	指导教师	指导教师
1	特等奖	北京航空航天大学	宜居	刘笑然	张清鸿	李捷			吕云翔	
2	一等奖	河北工业大学	意绘	姚陈堃	王康飞	刘娜			纪鹏	
3	一等奖	大连理工大学城市学院	Muzcart	毕霞	李晓东	宋超			金建设	
4	一等奖	天津理工大学	魔码	赵祥麟	朱小彧	赵泽宁	邹慧东	刘坤媛	刘涛	
5	一等奖	中山大学	Crush Boy	范巧文	邓立	陈元仿			刘宁	
6	一等奖	北京联合大学	palm house 智能家居手机控制系统	庄梓君	黄俊伟	李强			马楠	
7	一等奖	华南理工大学	绘藤	傅博泉	吴泽银	胡赛			周杰	
8	一等奖	山东大学	校园帮	邵佳琦	魏宁宁	岳成磊			许冠林	
9	一等奖	复旦大学	疯狂的蘑菇	屠仁龙	杨悦	周传杰			王新	
10	一等奖	中国地质大学（武汉）	Capture Covers	蒋宇浩	李扬帆	蔡耀明			余林琛	
11	一等奖	同济大学	Activity Designer	刘昊东	张良	王鑫			范鸿飞	
12	二等奖	北京信息科技大学	iCampus	马奎	黄伟	李轶男			曾铮	
13	二等奖	武汉大学	小圆-校园自习助手	荣康	程霄霄	曾军			涂卫平	
14	二等奖	北京联合大学	心感（系列无障碍游戏）	李聚升	黄祖会	葛东芝			薛岚显	
15	二等奖	东莞理工学院	懒得背	游宏填	李瑞元				魏小锐	
16	二等奖	湖北理工学院	移动点餐宝	尹维亮	夏能	王欢			伍红华	
17	二等奖	华北电力大学（北京）	课程助手	周敬宜	曹杰	陈皓帆			薛明磊	
18	二等奖	大连理工大学	朋友绘	商明阳	尚嘉雄	林莹			姜国海	
19	二等奖	华中科技大学	Gamee	唐振彪	沈冠初	杨慧莹			欧阳芳	
20	二等奖	龙岩学院	基于安卓平台的电子鼻系统	林鹏辉	王浪	陈净沂			魏龙华	

续表

序号	奖项	学校	作品	队长	队员	队员	队员	队员	指导教师	指导教师
21	二等奖	中山大学	想你	赵毓佳	陈上宇	黄焕			张子臻	
22	二等奖	西北农林科技大学	基于增强现实的LBS云室内室外实景地图	高阳	屈建江	福鑫			杨黎斌	
23	二等奖	同济大学	OmniBounce	喻帅	金程鑫	袁天野			朱宏明	
24	二等奖	华南理工大学	Cave Rush（深渊逃亡）	何斌	杨金堂	陈韦辰			蔡毅	
25	二等奖	河北师范大学	童年的纸飞机	齐月震	李文慧	李冬雪			祁乐	
26	二等奖	重庆邮电大学	ARound	姚龙洋	赵润乾				张清华	
27	二等奖	河南大学	跳跳龟	李虹杰	李东昂	王飞龙			陈立家	
28	二等奖	南开大学	Android 远程控制PC 系统	康森	王亮				俞梅	
29	二等奖	南华大学	Face Show	黎荣恒	雍玉婷				刘立	
30	二等奖	河北联合大学	勇敢向前冲	王步国	王海涛				于复兴	
31	二等奖	武汉大学	super miner	马驰原	于银波	郭英杰			杨剑锋	
32	三等奖	天津理工大学	天理跑团	苏晟	金博	赵士诚			靳学陶	
33	三等奖	北京城市学院	安拼	宋富豪	柳航	杜达			邵秀凤	
34	三等奖	北京航空航天大学	家庭健康助手	孙笑凡	李乐乐	熊汉彪			谭火彬	
35	三等奖	北京联合大学	Mobile Health 基于移动终端的穿戴式个人健康监护系统	杨育垚	甘银云	孙聪			姜余祥	
36	三等奖	北京信息科技大学	知问	谢泽源	黄陈	刘鸿喆			龚汉明	
37	三等奖	滨州学院	诗情话译	毕明华	赵丹丹	王梦达			冯君	
38	三等奖	大连理工大学	大工助手校园平台	张林伟	许凯	曾令建			冯林	
39	三等奖	大连民族学院	PM&ArchDay	陈创	李勿我	吴坚			姜楠	
40	三等奖	东莞理工学院	Nfc 便签	陈李冠	蔡焕伦	陈文栋			赵维佺	
41	三等奖	哈尔滨工业大学	JumpBall	孟凡山	崔乃天	吴昊			王宏志	
42	三等奖	哈尔滨工业大学	掌控玉兔	杨佳锷	邢亦静	任星宇				
43	三等奖	河北联合大学	保卫海疆	程祎	李世尧	贺蕾红			吴亚峰	
44	三等奖	河南城建学院	大学宝	郑森豪	冉丽红	马啸			赵笑声	
45	三等奖	河西学院	基于移动互联网的家庭环境监控系统	张玲	李维奇	马志强			朱志斌	

续表

序号	奖项	学校	作品	队长	队员	队员	队员	队员	指导教师	指导教师
46	三等奖	华北电力大学科技学院	废旧电池及手机智能回收系统	陈岭	高亚鹏	陈仁鹏			田志刚	
47	三等奖	济南大学	科学记忆法	孙华琛	张进彦	刘彤			马炳先	
48	三等奖	江西财经大学	Summer Doodle	史俏	陈恭斌	王舒君			张志兵	
49	三等奖	辽宁工业大学	吃货联盟	王景阳	许潇文				褚治广	
50	三等奖	辽宁工业大学	知乎者也	李晓	娄欢				褚治广	
51	三等奖	龙岩学院	物联网现代农副产品烘烤控制系统	吴伟锋	项兴兴	陈辉金			郑金彬	
52	三等奖	南京航空航天大学	说之	翁祖建	周张艳	王晓亮			孙涵	
53	三等奖	山东大学	一战到底	王旭	吴宇欣	周鑫			何萌	
54	三等奖	山东大学	BallEscape	崔庆才	朱凡	孙娇			石冰	
55	三等奖	太原工业学院	2D 单手趣味涂鸦	王博	张星晨	周磊			杨慧炯	
56	三等奖	西安电子科技大学	时间都去哪儿了	陈晨						
57	三等奖	燕山大学	快捷停车	王雷	齐海亮	郭耀华			李贤善	
58	三等奖	长江大学工程技术学院	玩转乐器	肖文韬	秦敏	殷超			邹发市	
59	三等奖	肇庆学院	肇大导航	谢泽荣	黄松凯				钟鏸	
60	三等奖	中北大学	宝宝学堂	史小飞	景贝	高原			秦品乐	
61	三等奖	中国矿业大学（北京）	地质测绘记录仪	郝志伟	周晓得	佀重遥			徐慧	
62	优秀奖	济南大学	BombCask	田丰	徐静	郑嘉卉			王世贤	
63	优秀奖	曲阜师范大学	Memo 云笔记	田文雨	温玉娇	师孟奇			夏小娜	
64	优秀奖	辽宁工业大学	基于移动平台点名系统	刘蕾蕾	李玉东	周业辉	余本国	冀庆斌	褚治广	
65	优秀奖	中北大学	INUC	郭海芳	杨晶	解智丰	钟先翼			
66	优秀奖	宁夏大学	指尖上的校园生活	樊俊彬	李岩	王正	黄锐诚			
67	优秀奖	南华大学	左右不分	陈土燊	邢运		刘立			
68	优秀奖	北京邮电大学	时间去哪儿	秦通	杜鹏程		赵东			
69	优秀奖	山东大学（威海）	熊猫历险记	武文馨	孙菁阳	唐菲	曲美霞			
70	优秀奖	兰州理工大学	基于FACE++云平台的人脸识别系统	孙琨	杨帆					
71	优秀奖	北方民族大学	手机遗忘助手	陈治成	颜长建	蓝侨	张春梅			
72	优秀奖	复旦大学	SyncPlayer	黄思渊	王振宣	齐凤林	王新			
73	优秀奖	河北联合大学	新生小助手	张双彐	李玲玲		赵全明			

续表

序号	奖项	学校	作品	队长	队员	队员	队员	队员	指导教师	指导教师
74	优秀奖	西华大学	外卖联盟	王磊	石浩	宋雪勤	蒋良劲			
75	优秀奖	东莞理工学院	Forward	陈友仕	洪少佳	蔡顺峰	谢满			
76	优秀奖	四川大学	嗨帮	齐政浩	吴德坤	刘智威			赵辉	夏锋
77	优秀奖	大连理工大学	校园生活助手	康家梁	呼美玲	陈振			夏锋	刘钦
78	优秀奖	河北师范大学	错题本	孙瑞斌	何杰	刘杰			刘士龙	朱长水
79	优秀奖	南京理工大学泰州科技学院	骑骑哒	方江春	陈树荣	楼佳斌			朱长水	于炯
80	优秀奖	新疆大学	俄语罗斯	李春源	王宇娇		于炯			
81	优秀奖	内蒙古科技大学	在哪儿	张玄昱	黄显东	余金玲				
82	优秀奖	长沙理工大学城南学院	校邻	郑成军	胡超宇	向智武	朱晋			
83	优秀奖	南京航空航天大学	悦读	王茵梦	朱江	陈圣楠	杜庆伟			
84	优秀奖	上海商学院	守护天使	朱颖鑫	王赟		叶龙			
85	优秀奖	南京大学	纸飞机	齐月震	李文慧	李冬雪	祁乐			
86	优秀奖	东北大学	无尽之旅	王植	谢自轩	黄为伟	李丹程			
87	优秀奖	新疆大学	青枣	尹路通	冶鑫晨	王斌	柯尊旺			
88	优秀奖	兰州大学	Legend And Greed	李梦蛟	高屹宇	安琪				
89	优秀奖	齐鲁工业大学	基于移动设备云移动办公系统的设计与实现	李哲	董佳松	李文彬	杨振宇			
90	优秀奖	聊城大学	基于安卓平台的学生考勤系统	高煊	张琪		李寰			
91	优秀奖	兰州大学	兰州大学校园通客户端	杨伟斌	程军强	冷文君	周庆国			
92	优秀奖	天津大学	巧手维修（Versatile）	邹佳伟	解雪君	王璐瑶	张怡			
93	优秀奖	华北电力大学（北京）	基于二维码的课堂教学管理系统	崔文哲	刘晓东	金芳	梁光胜			
94	优秀奖	大连理工大学城市学院	爱+	李兆轩	曾卓萍		金建设			
95	优秀奖	山东科技大学	单手涂鸦	邵翔宇	郑兆宇	赵晨晖	任国强			
96	优秀奖	青岛理工大学	远足精灵	李景昊	杨森		李兰			

第四部分

优秀作品案例精选

作品1 宜 居

获得奖项	本科组特等奖
所在学校	北京航空航天大学
团队名称	falcon
团队成员	刘笑然 张清鸿 李 捷
指导教师	吕云翔
成员分工	

刘笑然 负责构建架构、开发 Android 客户端。

张清鸿 负责服务器端开发、管理更新服务器、提供产品资源。

李 捷 负责 UI 设计、界面优化、美工、产品测试。

1. 作品概述

选题背景

（1）产品展示方式的局限性

家具产品，最好的展示宣传方式非实物展示莫属，但这只能在家具卖场中实现。作为消费者，为了尽可能真实地看到家具的实物效果，不得不奔走于各大家具卖场，十分辛苦。

纵观国内的各商务和企业网站销售家具产品时，大多数以文字、图片、Flash动画作为产品展示的主要方式，缺乏用户的主动参与，同时由于宣传时的刻意为之，产品会被美化，其真实摆放效果无法被家具消费者感知。

（2）看到真实摆放效果的延时

买家具的时候，总是要花许多时间去广泛地寻找适合自己的家具，然后根据自家的户型选购合适的家具，从而导致常常会因为看不到真实的摆放效果而对选购家具犹豫不决或者已经买回的家居产品不符合家中布局装修，所以客户急需一种增强现实体验的家居软件。

项目意义

目前，在 Android 平台还没有对于家居产品的 3D 立体的构建展示，为了加强家居展示的现实增强效果，依据现有的 Android 平台上的 OpenGL ES 技术，配合一些开源 3D 引擎，来解决在 Android 平台 3D 模型的构建绘制。

同时借鉴其他平台上家居产品宣传的方式，来宣传其他的非 3D 展示的商品。通过这两种方式，打造一个令用户耳目一新的家具产品信息平台。

2. 作品可行性分析和目标群体

（1）可行性分析

OpenGL ES（OpenGL for Embedded Systems）是 OpenGL 三维图形 API 的子集，针对手机、PDA 和游戏主机等嵌入式设备而设计。OpenGL ES 有封装好的 Java 类，可以直接使用。它由精心定义的桌面 OpenGL 子集组成，创造了软件与图形加速间灵活强大的底层交互接口。OpenGL ES 包含浮点运算和定点运算系统描述，以及 EGL 针对便携设备的本地视窗系统规范。OpenGL ES 1.X 面向功能固定的硬件所设计并提供加速支持、图形质量及性能标准。OpenGL ES 2.X 则提供包括遮盖器技术在内的全可编程 3D 图形算法。

对于该 APP，主要应用 OpenGL ES1.0 在手机客户端绘制家具模型，并且可以保障运行的流畅性与精准性。

（2）目标群体

适用于想要购买家居产品但是日程紧迫的用户。

3. 作品功能与原型设计

作品功能，如图1所示。

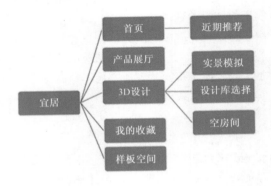

图1　总体功能介绍

首页模块

软件首页，用于显示近期推送的产品信息。将产品分类展示在用户面前，用户可以进入三维展区，观看某些产品的三维模型及详情，也可以选择进入其他家居类别观看相应产品，如图2所示。

（a）首页布局　　　　　（b）首页导航栏　　　　　（c）家具分类选择

图2　首页模块

产品展厅模块

展示非首页的产品，以图片和文字的方式进行展示，用户可以收藏中意的家居产品，或是分享到社交平台，如图3所示。

（a）展厅功能展示　　　　（b）分类商品浏览　　　　（c）单个商品浏览

图3　产品展厅模块

样板空间模块

展示房屋户型图，用户可以切换观看模式来观看对应户型的 3D 模型，并且通过触屏转换不同角度观察，如图4所示。

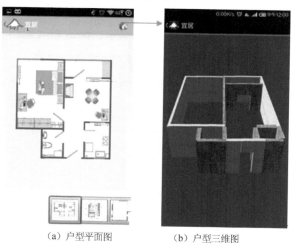

（a）户型平面图　　　　（b）户型三维图

图4　样品空间模块

3D 设计模块

实景模拟：选择家具产品后开启摄像头从而将产品的立体模型放到真实的场景中，观看家具的真实摆放效果。

选择背景：允许用户从手机本地图库中或者直接拍照作为背景，然后加入产品模型，调整家具观看真实摆放效果。

空房间：允许用户在一个空的房间中放入特定家具，调整家具模型观看效果。

3D 设计模块如图 5 所示。

（a）"从设计库选择"进入

（b）选择家具产品

（c）将选定家具放入实景中

（d）将选定家具选定图片背景中

（e）将选定家具放入空房间中

图 5　3D 设计模块

我的收藏模块

方便客户将感兴趣的产品分享到各个社交平台，并且将产品的信息收藏到手机中，方便查阅。顾客在虚拟的样板房场景中查看家具，摆放符合自己情趣的家具，或变更家具的外观、位置等，随时可观看其效果，并且可以保存在手机中以备以后参考，如图6所示。

（a）收藏商品展示　　　　　　　（b）3D 设计模块截图

图6　我的收藏模块

4. 作品实现、难点及特色分析

（1）作品实现

支持 Android 4.0 以上系统。
客户端借助 min3D 引擎，使用 OpenGL ES 绘制三维模型。
服务器端部署在新浪 sae 开发者平台上，使用 PHP 语言开发。
家具及户型图等素材来源于网络。

（2）特色分析

①集中信息平台。
产品展厅模块集中了家居产品。顾客能将自己看中的家具加入收藏夹中，实时关注产品等信息的变化，方便购买到自己喜欢适合的家居产品。

②三维立体体验。

我们提供了一个强大的房型 3D 体验模块。购买者可以在手机上直观地看到家具的 3D 模型，并且提供增强现实效果，在房间中漫游看到家具摆放在房间中的真实效果。

3D 技术和 ar 技术提升家居电商的用户体验，将带来更多令人惊喜的家具展示效果，引领家居电商体验的变革。

（3）难点

①家具图片展示。

由于 Android 分配运行时内存过少，所以对于许多的家具照片不能将其全部存放到内存中，在加载图片之后将部分图片的资源存放到手机中的 sdcard 中，以便于在下次网络不通畅的时候也能正常地浏览。

②在 Android 平台中实现 3D 模型的加载转换。

Android 平台本身并不支持 OBJ、3ds 等多种三维模型的加载浏览，并且手机的显卡处理器对于 3D 模型的处理的优化不完善。所以无论从文件结构、硬件优化、内存管理等方面来说，在 Android 平台加载浏览 3D 模型是十分困难的。

（4）解决方案

一个*.OBJ 文件，存储了模型的顶点、法线和纹理坐标信息，OBJ 文件格式是非常简单的。这种文件以纯文本的形式存储了模型的顶点、法线和纹理坐标和材质使用信息。OBJ 文件的每一行，都有极其相似的格式，如前缀：参数 1、参数 2、参数 3。

文件中包含了一些我们没有提到的前缀，如以 "#" 开头的注释，以 g 开头的表示组的前缀等。但这些前缀并不影响模型的外观，因此我们可以忽略它们。在解释以 f 为前缀的行的格式之前，我们不得不提一个新的概念，这就是顶点索引（Vertex Indices）。我们知道，对于每一个三角形，都需要用 3 个顶点来表示。例如，在上面的立方体模型中，共有 6×2×3=36 个顶点。仔细想想就会知道，在这 36 个顶点中，有相当数量的顶点是重合的。如果把这些重合的顶点都一一表示出来，就太浪费存储空间了。于是，我们提出了顶点索引的想法，解决空间占用问题。顶点索引的思想是建立两个数组，一个数组用于存储模型中所有的顶点坐标值，另一个数组则存储每一个表面所对应的三个顶点在第一个数组中的索引。

OBJ 文件的前缀如表 1 所示，前缀标识了这一行所存储的信息类型，参数则是具体的数据。

表 1　OBJ 文件格式

前　缀	说　明
v	表示本行指定一个顶点。 此前缀后跟着 3 个单精度浮点数，分别表示该定点的 X、Y、Z 坐标值
vt	表示本行指定一个纹理坐标。 此前缀后跟着两个单精度浮点数。分别表示此纹理坐标的 U、V 值
vn	表示本行指定一个法线向量。 此前缀后跟着 3 个单精度浮点数，分别表示该法向量的 X、Y、Z 坐标值
f	表示本行指定一个表面（Face）。 一个表面实际上就是一个三角形图元。此前缀行的参数格式后面将详细介绍
usemtl	此前缀后只跟着一个参数。该参数指定了从此行之后到下一个以 usemtl 开头的行之间的所有表面所使用的材质名称。该材质可以在此 OBJ 文件所附属的 MTL 文件中找到具体信息
mtllib	此前缀后只跟着一个参数。该参数指定了此 OBJ 文件所使用的材质库文件（*.mtl）的文件路径

在一个 OBJ 文件中，首先有一些以 v、vt 或 vn 前缀开头的行指定了所有的顶点、纹理坐标、法线的坐标。然后再由一些以 f 开头的行指定每一个三角形所对应的顶点、纹理坐标和法线的索引。在顶点、纹理坐标和法线的索引之间，使用符号"/"隔开的。

由这些信息，我们就足以写一个类，用于读取和渲染 OBJ 模型。通过解析出来的文件再用 OpenglES 在手机中绘制出 3D 模型显示出来。

作品 2   意   绘

获得奖项　本科组一等奖

所在学校　河北工业大学

团队名称　诺亚方舟

团队成员　姚陈堃　王康飞　刘　娜　纪　鹏

指导教师　师　硕

成员分工

　　　　　　姚陈堃　负责设计系统、组织工作、实现系统。

　　　　　　王康飞　负责设计系统、实现系统、测试系统。

　　　　　　刘　娜　负责设计系统、整理文档、测试系统。

　　　　　　纪　鹏　负责设计系统、整理文档、测试系统。

1. 作品概述

　　手机画图软件层出不穷，可方便我们随时信手涂鸦。但你想象一下这样的情景：当你在拥挤的公交或地铁上一只手抓着吊环时，也可以画图！当你一只手拎着包排队时，也可以画图！没错，这时的你，的确可以画图。"意绘"正是一款既可以用传统的双手画图，也可以用单手画图的 APP。甚至对只有一只手的残疾人，也可以尽情地享受画图的乐趣。

　　"意绘"取义"易绘"、"意会"，旨在体现出该绘图软件的智能性与方便性，因为它很多时候确实能"领会"用户的意思。该软件在目前智能手机设备所提供的硬件和 Android 系统提供的接口基础上，结合传感器、麦克风、摄像头、触摸屏、音量键等实现了一款方便单手操作的画图软件。

　　首先，它不仅支持网上现有绘图软件的基本功能：①绘制基本图元：直线、长方形、椭圆、贝赛尔曲线、折线、多边形和自由手绘线。②编辑图形：平移、缩放、旋转、删除和复制图形。③浏览画布：平移画布、缩放画布。④填充。⑤撤销重做。⑥调色板。⑦画笔粗细、效果调整。⑧任意设置画布尺寸。⑨保存/加载。⑩清空画布。

最重要的是，还创新出了许多奇特而便捷的功能：①使用重力感应绘图。用户在选择起始点后，可以偏移手机让该点运动，达到单手作图的目的；②平移手机来平移图形。用户在选中图形后，单手将手机从某一处平移到另一处，会发现画布上的图形也进行了同样的平移；③翻转手机来缩放和旋转图形。用户在选择图形后，向前翻转手机，会发现图形变大了，向后翻转，图形变小，向左翻转，图形顺时针旋转，向右翻转，图形逆时针旋转；④"说图形名称"来画图。只要对着手机大声说出自己想要画的图形名称，语音识别后将自动画出对应的图形；⑤"吹一吹"退出传感操作模式。如果想要退出传感模式，直接对着手机吹一吹即可停止，停止瞬间会看到屏幕飘洒花瓣；⑥用音量键撤销重做。无须触屏，使用手机的音量减、音量增键就可以撤销和重做；⑦通过 GPS 定位行走绘图。只要打开 WiFi 和 GPS，再点击行走作图按钮，系统即会首先定位用户所在的位置，每当用户行走一段路线后，便会更新到地图上，用户可以选择是否将路线或地图导出；⑧通过照相机或本地图库设置背景；⑨精美绝伦的图片特效处理；⑩一键分享；⑪历史画廊。可以查看自己保存过的作品。

除此之外，无论是切换特效，还是按钮的皮肤，亦或通过滑动手势滑出隐藏抽屉，都经过了精心的 UI 设计。另一方面，对 Android 版本、手机品牌和型号兼容等方面都做了大量的测试，保证了软件能正确、流畅地运行在各个手机上。

可以看到，"意绘"力求更加人性化的操作方式和更加清新自然的操作界面。它让人体的各个器官"手、嘴、脚和声音"充分发挥出了作用，偏向于更加自然的交互模式，全身共用，大大增强了用户体验。

2. 作品可行性分析和目标群体

（1）可行性分析

关于画图软件这一命题早在 1987 年就有了。由 Thomas Knoll 和 John Knoll 两兄弟制作，但直到 1990 年后，这个软件才被 Adobe 公司首次发布，命名为"Adobe Photoshop"。后来陆续发布了多个版本，从绘图工具、图层、使用界面、特效等方面都进行了优化和改善。

然而最为人们所熟知的应该要属 Windows 操作系统中自带的"画图"了。它简单灵巧，深得用户的喜爱，其占用资源少、操作简单、功能齐全等特点为用户的小型图形开发工作带来了很多便利。即便如此，开发者仍然认为画图软件领域还有很多值得探索的技术难点和创新之处。

因此，在那不久，世界顶尖软件公司之一的加拿大 Corel 公司开发的图形图像软件 CorelDRAW 问世，其非凡的设计能力与超强的排版功能广泛地应用于广告包装、商标设计、标志制作、插图描画、排版及分色输出等诸多领域。

就这样，众多软件公司都在年复一年地更新、发布着自己的画图软件，每家公司的灵感、创意和理念似乎也在被另外的公司吸收和仿照着，画图软件的技术难点似乎已经全然攻破，创新的灵感仿佛也走到了一个尽头。

2007 年，智能手机时代正式到来，其人性化的交互模式、UI 设计、接口功能等都给人以巨大的视觉冲击和近乎完美的用户体验。智能时代似乎又再一次为手机画图软件的推进打开了一扇门。

从 Android 智能手机的发展至今，出现了如 Autodesk SketchBook Pro、说服家绘图和特效、Paperless 等专业绘图软件，以及如美图秀秀、素描大师等图片处理软件，再如 Uface、脸萌等捏脸软件。这些软件通过美化 Android 平台提供的基本 UI 控件，加上灵活应用 Android.graphics 库的 API，来实现界面交互和绘图功能。不难看出，开发一款移动平台上的传统双手绘图软件拥有足够多技术、资料、开源代码支撑，故是可行的。

但是，上述软件仅仅支持传统的双手绘图操作，流畅的单手绘图软件目前依然还是没有被挖掘出来的一个市场，但单手操作符合智能手机用户的使用需求，能给用户带来异常良好的用户体验。"意绘"正是基于这一点，构思出了一种兼备单、双手绘图功能的软件。

话虽如此，开发单手功能的可行性又如何呢？我们首先从具体应该有哪些单手操作的角度进行分析，得出单手功能应该是能调动人体各个器官进行画图，且能尽量减少触屏操作的功能，带着这种思路，我们的方向就锁定了目前智能手机所提供的硬件设备上，并归纳了可以加以利用的硬件：陀螺仪、加速度传感器、方向传感器、麦克风、摄像头、触摸屏、音量键。而这些针对这些硬件，Android 平台均提供了接口，如传感器接口 Android.hardware.Sensor，麦克风接口 Android.media.MediaRecorder，音量键接口 Android.view.KeyEvent 等。通过这些接口内部的函数进行调用，可以考虑将他们合理且灵活地运用到程序中，实现单手操作，故是可行的。

综上，在 Android 平台上开发一款单双手绘图兼可的软件是有市场且可行的。

（2）目标群体

适用于 Android 2.3.3 及其以上版本 Android 系统的手机用户。

3. 作品功能与原型设计

作品功能如表 1 和表 2 所示。

表 1　基本功能

功能简述	功能描述
绘图	支持直线、椭圆、长方形、多边形、折线、贝塞尔曲线和自由手绘轨迹的绘制
编辑图形	能对画布中已有的图形进行平移、缩放、旋转、删除和复制
填充	能对任意区域进行填色
调整颜色	提供调色板，允许用户任意选取颜色、透明度、饱和度和深浅
调整画笔	可设置画笔粗细、线形和特效
撤销重做	能返回上一步操作和重做上一步操作
保存载入	可把画好的图片保存到手机 SD 卡中
更改画布尺寸	可以任意更改画布的尺寸大小
更换画布背景	可以用软件提供的图片、本地图库和照相机拍摄的图片作为画布背景
图片特效处理	提供 14 种特效对背景图片进行处理
画廊	查看已经保存好的图片
分享上传	把画好的图片分享到 QQ 空间、新浪微博、微信朋友圈等

表 2　单手功能

功能简述	功能描述
偏移手机作图	在画布上选择一起点后，前后左右地偏移手机，将随之绘出偏移轨迹
语音识别作图	对手机说图形名称，即可绘出所说图形
GPS 行走作图	打开 GPS 和数据流量后，带着手机行走，地图将即时更新用户的行走路线，用户可以把该地图背景作为画布背景，或直接导出
摆动手机→平移图形	手机左右或前后摆动，选中的图形也随之平移
前后翻转手机：缩放图形	手机前后侧地翻转，选中图形随之缩放
左右翻转手机：旋转图形	手机左右侧地翻转，选中图形随之旋转
吹一吹→退出单手模式	若想在上述 3 种单手编辑图形的过程中确认绘制或退出，可以对着手机吹一吹停止
音量键"−"→撤销 音量键"+"→重做	音量键可以撤销重做

原型设计如图 1～图 13 所示。

图 1　Logo

图 2　工具选择界面

图 3　隐藏抽屉

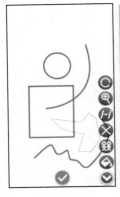

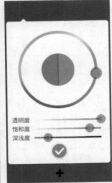

图 4　编辑图形　　图 5　缩放画布　　图 6　填充图形　　图 7　调色板

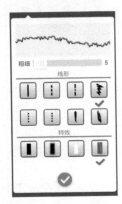

图 8　调整画笔　　　　图 9　设置与修改画布尺寸　　　　图 10　便宜手机作图

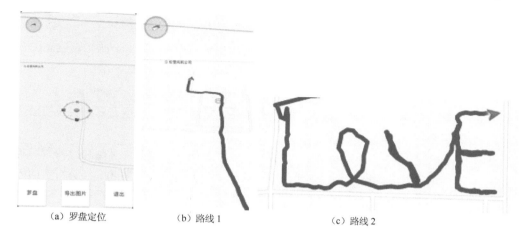

（a）罗盘定位　　　　　　（b）路线 1　　　　　　　（c）路线 2

图 11　GPS 行走作图

图 12　语音识别图形　　　　　　　　图 13　图片特效处理

4. 作品实现、难点及特色分析

（1）作品实现及难点

语音识别——需要对用户录入语音进行快速搜索、整合和分析，转换成字符串。采用科大讯飞所提供的开源代码实现语音绘图。

传感器嵌入——加速度传感器、方向传感器、陀螺仪和麦克风等参数复杂，且要使摆动手机平移图形、翻转手机缩放和旋转图形的效果更好，需对原始参数适当加权后使用，但权值难以拿捏，需要大量的测试工作。

GPS 作图——联网后能定位，并同步更新画布上的路径。采用百度地图开源 API 实现对用户位置的时时更新。

高效填充——填充图形的响应时间不应超过 1s。后通过 getPixels()一次性读取画布像素值，并创建了一种强鲁棒性自适应活性边表填充算法实现图形快速填充。

撤销重做——平移、缩放、旋转、复制、删除、填充、画图和换背景等都需要编写对应的撤销重做操作，不同操作需要不同的实现方式。经分析后引入步骤基类 Step 增强了程序的可维护性和低耦合性。

触摸类抽象——画图、平移、缩放、旋转、画布浏览等均需对屏幕进行触摸操作，不同操作有不同的实现方式。经分析后引入触摸类 Touch 增强了程序的可扩充性和可读性。

（2）特色分析

能对画布上已经画好的图形进行编辑，如平移、缩放和旋转等，而目前多数上市的 APP 不具备这一功能。

具备强大的单手作图功能：语音识别作图、GPS 行走作图、传感平移缩放旋转图形、用嘴吹一吹停止单手模式、用音量键 "–" 撤销 "+" 重做、摇一摇清空画布。

支持背景更换功能，可从图库载入图片，也可即时拍照作为背景。

快速填充图形，平均响应时间<1s。

提供 14 种图片处理的特效，瞬间美化图片。

可以在画廊中查看历史图片。

网络共享功能，可一键分享到朋友圈。

作品 3　Muzcart

获得奖项	本科组一等奖
所在学校	大连理工大学城市学院
团队名称	无
团队成员	宋　超　毕　霞　李晓东
指导教师	金建设
成员分工	

宋　超　负责制定测试计划,组织测试工作、系统测试用例评审、测试总结报告评审、提交测试输出文档。

毕　霞　负责系统测试用例编写、系统测试用例执行、填写测试跟踪结果报告、系统测试总结报告编写。

李晓东　负责测试环境的搭建、测试软件的维护、测试数据的建立。

1. 作品概述

当今社会智能手机的普及使得智能手机几乎人手一部，而软件针对的群体是智能手机用户。

此软件即针对生活压力大、没有空闲时间进行娱乐活动，或是单手不便人群，或是在娱乐之余想发挥创造力，体验软件带给身心愉悦的人群。

项目利用语音识别用户想要的一些操作去替代触控，此软件大部分可以用触控方式进行选择的操作都能用语音来进行识别选择，使软件的实用性大大提高，同时还有效解决了单手选择操作的不便性。

软件将音乐与绘画融合，真正做到让图画发声，而当前市场上流行的娱乐软件从未有将绘画与音乐相结合的作品，无法完成单手绘图的操作，语音控制绘图操作的软件也从未有过，而本项目则通过麦克风与加速度传感器等有效地解决了许多单手操作不便的问题，填补了其他绘图软件在此方面的不足之处。

只要一只手搭配语音，就能轻松画出自己想要绘制的图形，相比别的需要额外支撑的绘图软件，我们更适合单手不便的人群！只要轻轻一点，画出的图形就可以发声，让你的图画有声有色！

2. 作品可行性分析和目标群体

（1）可行性分析

Muzcart 意在原本的触控绘画基础上，使用手机自带的传感器辅助绘画，使原本复杂的操作变得简单，从而便于用户使用单手进行绘画创作。

① 给图元添加音色，可选择添加钢琴、口琴、鼓、吉他、摇铃等乐器音效。

② 支持创建以下类型的 2D 图元：直线段、折线、矩形、圆、椭圆、多边形、三次贝塞尔曲线、自由手绘轨迹。

③ 绘制图元的笔刷大小和颜色均可调。支持封闭图元的填色。

④ 使用音量键操作 redo, undo。

⑤ 支持图片的保存与加载。

⑥ 支持语音识别操作，如语音画图元、语音保存、语音填色、语音设置、语音换背景等操作。

⑦ 摇一摇截屏，摇一摇换背景图片，摇一摇清屏。

⑧ 支持橡皮擦操作。

⑨ 支持截屏操作。

⑩ 支持清除画布图案操作。

⑪ 支持对麦克风吹气进行清屏操作。

⑫ 设置画布大小及画布的无极滚动浏览。

⑬ 翻转手机保存图片。

⑭ 可为画笔添加音乐，画笔移动时会发出悦耳的音乐，音乐可通过用户自己设定。

⑮ 可将绘画作品保存并分享到多种社交应用中。

⑯ 主菜单位置可左右位置切换。

（2）目标群体

适用于一只手不便、需使用单手操作手机进行绘画创作的用户群体。

3. 作品功能与原型设计

作品功能如图 1 所示。

系统能够提供基本图元的绘画，并通过传感器的辅助，使用户能够使用单手快捷简便地创作出优秀的绘画作品。

系统运行具有弱实时性要求，其系统的响应时间应该是用户在可以接受的范围内。

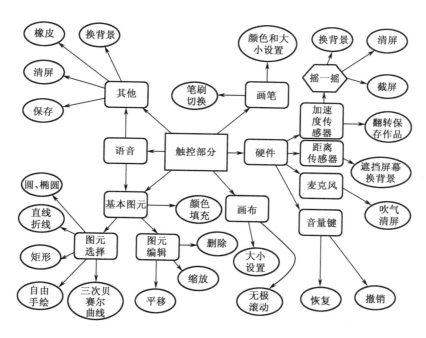

图 1　软件架构图

系统在满足规范化、实用化的前提下，实现多功能。

（1）画布大小可由用户自由指定；画布支持无级滚动浏览。

（2）支持创建以下类型的 2D 图元：直线段、折线、三次贝塞尔曲线、矩形、椭圆、多边形、自由手绘轨迹。

（3）创建图元之后，给图元添加音色。

（4）绘制图元的笔刷大小和颜色均可调。支持封闭图元的填色。

（5）支持图元的平移、缩放、删除。

（6）支持 undo 和 redo。

（7）文件的保存和加载。

（8）截图，清屏。

（9）可为画笔添加音乐，画笔移动时会发出悦耳的音乐，音乐可通过用户自己设定。

（10）可将绘画作品保存并分享到多种社交应用中。

（11）主菜单位置可左右位置切换。

原型设计如图 2～图 8 所示。

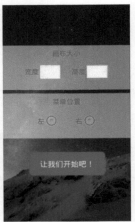
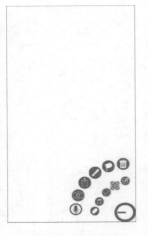

图 2　启动界面　　图 3　画布设置窗口界面　　图 4　系统主界面

图 5　基本图形选择界面　　图 6　图元及画布编辑列表界面

图 7　笔刷设置界面　　　　　　　　　　图 8　语音界面

　　软件分为触控部分、麦克风部分和加速度传感器三大部分。触控部分包括圆、椭圆、直线、折线、矩形、多边形、三次贝塞尔曲线、自由手绘；图片保存、清屏、橡皮、redo/undo、换背景、图元填充颜色、图元的删除；设置画笔大小和颜色，设置摇一摇截屏、换背景；开启语音功能；设置画布大小及画布无极缩、放滚动浏览；语音可实现设置摇一摇功能，可实现基本图元的绘画及图元的删除等大部分使用触控可实现的操作。

4. 作品实现

　　（1）多图元多次重复交叠绘画
　　在画布上选取多个图元进行交叉重叠绘画，检查软件是否能够顺利流畅运行。
　　（2）语音功能
　　在网络环境良好的情况下，使用语音进行绘画操作，检查软件是否能如期完成任务并流畅运行。
　　（3）加速度传感器
　　设定好加速度传感器所指定的功能后，按要求摇晃或翻转手机，检查手机是否能够如期完成任务并流畅运行。
　　（4）对设定的音色播放
　　画好图元并设定好音色之后，单击设定的图元检测音色是否可以播放。

作品4　魔　码

获得奖项　本科组一等奖

所在学校　天津理工大学

团队名称　魔码

团队成员　赵祥麟　朱小彧　邹慧东

指导教师　刘涛

成员分工

　　赵祥麟　负责产品设计、前期统筹与策划、安卓端应用开发，以及软件的效率优化。

　　朱小彧　负责安卓端应用的开发，核心代码的编写，以及前后端的数据交互。

　　邹慧东　负责整个服务端的数据获取与存储，着重解决服务器端的效率优化及数据的逻辑处理，并且承担着部分展示功能的实现。

1. 作品概述

选题背景

　　二维码作为一种全新的自动识别和信息载体技术，其经济性和可靠性正被越来越多的人所了解和认知。其以信息密度高、容量大、成本低、制作简便的特点迅速被各大商家、媒体和服务行业所广泛应用。

　　但在使用过程中，二维码存在信息存储形式单一、功能有限、个人制作相对困难等问题。因此我们将二维码定位成一种标签，扩展其存储类型，使其不仅可以存储文字，还可以存储音乐、视频、图片等多媒体信息。同时每个人都可以通过应用简单的制作自己的二维码标签,并添加到自己的照片上与人分享。这样，二维码便成为信息时代最为便捷高效且内容丰富的标签形式。可以应用于生活的方方面面，如景点介绍（扫描二维码即可听到该地方的介绍）、生活标

注（粘贴在照片上标注相关的回忆、留言、明信片内容）、商品溯源等。

项目意义

"魔码（MagicQR）"作为一款基于二维码并扩展其功能的手机应用，首先定义了魔码这样一种基于二维码的标签形式，其可以存储文字、图片、视频等多媒体信息。魔码将是一种如便条纸一样的纸质标签，可以方便的粘贴在各处，极大的方便人们的生活。

2. 作品可行性分析和目标群体

（1）可行性分析

二维码技术成熟，容错率较高。在 Android 平台上二维码的生成及扫描的相关功能效率高且完善。

二维码获取便利，生活中非常常见，人们有较高的认可度。

智能手机日益普及且性能强大，手机网络速度越来越高，通过应用与数据库的交互获取二维码中的多媒体内容较容易实现。

市面上尚未有同类的产品，纸质的标签及印有标签的明信片等产品将会占据市场空白，丰富相关产品。

（2）目标群体

适用于喜爱新潮产品的且具有较高接受能力的年轻人。

3. 作品功能与原型设计

作品功能如图 1 所示。

扫码模块

主要实现二维码的扫描识别，校验是否符合魔码标准，是否已经添加内容。

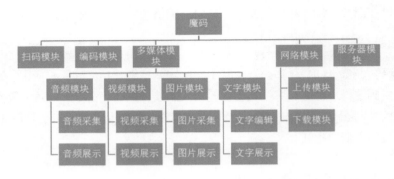

图1　总体功能结构

编码模块

主要实现二维码获取、二维码生成、图片合成、编辑二维码内容，分享功能。

多媒体模块

主要包含文字模块、图片模块、视频模块、音频模块四个子模块。综合实现标签内容的采集及展示。

网络模块

主要实现与服务器的交互，异步传输。

服务器模块

主要实现服务器端的所有功能，与客户端交互、文件存储及数据返回。
原型设计如图2～图13所示。

图2　软件界面

图3　实体标签

图4　扫码界面

图 5　编码菜单界面

图 6　编码编辑界面

图 7　多媒体采集界面

图 8　多媒体展示界面

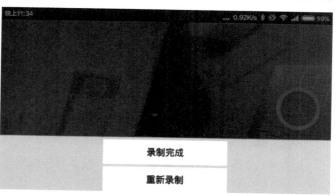

图 9　视频采集界面

图 10　二维码图片生成界面

图 11　二维码图片分享界面

图 12　音频采集界面

图 13　音频播放界面

4.　作品实现、难点及特色分析

（1）作品实现

①客户端。

基于 Android4.0 及以上版本，主要涉及多媒体信息采集、播放；数据在客户端与服务器间的信息传递；二维码的编码解码及二维码内容的校验；图像处理等主要技术。

②服务端。

服务端采用 Windows Server2008 +apache+PHP+Mysql 搭建。程序采用基于 PHP 的 thinkphp3.2.2 框架编写。主要涉及信息传入及返回，数据库操作及文件操作。

（2）特色分析

①全新设计的一种标签产品，既有电子标签也有实物标签，方便用户使用，提供了传统标签所不具备的新功能，信息保存安全。

②标签制作方便，分享简易，易于在朋友圈间传递推广。

③可广泛适用于产品介绍、信息保存、信息分享、留言记事等各种场景。

（3）难点

大量多媒体数据与服务器的交互问题。由于手机带宽有限，而视频、图片等文件体积较大，需要耗费大量流量。为解决这一问题，我们团队进行了大量的测试，保证文件显示效果的同时进行文件的压缩，单个图片大小不超过100KB，视频不超过 5m，音频不超过 1m。保证了加载的速度，减少了流量的消耗。

（4）解决方案

客户端与服务器间的数据传递。使用了 HTTP 协议，服务器以 json 格式返回数据。为保证信息传递的流畅，我们使用了开源的 Android-async-http 项目。

作品 5 Crush Boy

获得奖项　本科组一等奖
所在学校　中山大学
团队名称　CH
团队成员　邓　立　范巧文　陈元仿
指导教师　刘　宁
成员分工

　　邓　立　负责游戏逻辑和程序开发。
　　范巧文　负责策划、文档书写和项目管理。
　　陈元仿　负责游戏逻辑和程序开发。

1. 作品概述

选题背景

随着智能设备近几年来的飞速普及，活跃设备达到 9 亿多个，巨大的市场需求催生了越来越多的游戏涌入市场。越来越挑剔的用户，对新生的游戏玩法、界面、内在需求的满足提出了更加严苛的要求。

同时，2014 年是巴西世界杯的举办年份，与往届世界杯期间一样，足球迅速以季候型的方式成为时下最热门的话题与最流行的文化符号。

然而，在这段时间我们也见证了各路手游厂商纷纷尝试足球题材，结果并没有想象中的那么火爆。从各大应用商店排行榜的变化来看，除了少数大厂的产品能稳定在相对靠前的位置，大多数足球题材游戏并没有取得很好的成绩。

这其中一个原因是没有把足球这个题材与当下移动游戏流行的玩法进行有机的结合，一味的移植 FIFA 或者足球经理的玩法到移动平台上，多少有点水土不服。而现在整个手游行业最大的瓶颈在于，如何突破传统的触屏操纵的局限性，获得新的游戏体验。

我们要做的《Crush Boy》是一款最时尚的足球跑酷，它轻松活泼、简单直观、玩法新颖，让人情不自禁、爱不释手。

项目意义

在世界杯热褪去后，还有英超、西甲、意甲、德甲、法甲、欧洲杯、联合会杯、中超联赛等足球爱好者依然遍布世界各地，足球热潮依然此起彼伏。

《Crush Boy》作为一款时尚的足球跑酷游戏，将广泛接受的题材和多种手机游戏操纵方式结合起来，加之糖果色的界面和胖萌风的人物，满足了用户体验优质游戏的需求。

单人模式可以满足用户打发碎片化时间的需求，在玩法上是传统的跑酷游戏："躲避障碍物——拾取奖励"。但障碍物被替换成了后卫，获得奖励的方式也变成了射门。美术风格整体上活泼、激萌，游戏在整体上相对轻松搞笑，但难度也偏高。

此外，新增的天使视角的双人对战模式，提供了捣乱，施放技能的功能，解决了女朋友、父母、朋友聚会时不能融入对方的烦恼，为恋人、家人、朋友之间带来更多的互动和趣味。

同时，本着游戏的背后也有社交的需求的理念，Crush Boy 内置强大的分享功能，可以一键分享到朋友圈、微信、微博和 QQ 空间，满足炫耀和互动的心理，增加用户黏度，吸引更多的用户。

2. 作品可行性分析和目标群体

（1）可行性分析

① 用户已经熟悉足球题材，容易被用户接受。
② 糖果色和胖萌风的美术风格，给人轻松愉悦的感受。
③ 对战模式结合多种操纵方式，新颖有趣。
④ 简单直观图标代替解说文字，最大限度地减少阻力，最大限度地提供优质的用户体验。

（2）目标群体

适用于持有安卓设备，追求时尚的 90、00 后及跑酷游戏用户。

3. 作品功能与原型设计

作品功能如图 1 所示。

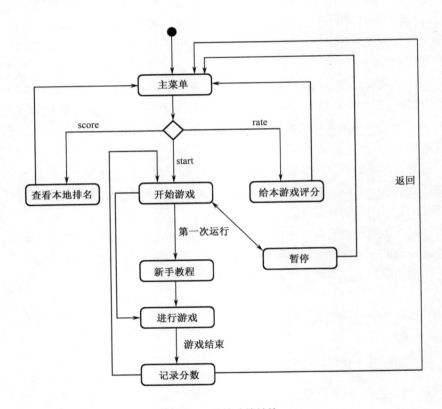

图 1　总体功能结构

作为一款跑酷游戏，场景、主角、障碍、奖励、技能，一个都不落下。下面详细的介绍这些元素，并且给出数值属性、游戏系统和美术需求。

角色、道具、技能

（1）角色

前锋：即玩家（单人模式和双人模式的攻方）控制的角色，位于屏幕中下方，带球向上自动跑动。

后卫（人墙）：后卫顾名思义是对方的后场防守球员。多个后卫横向组合成的人墙阵列，是前锋需要躲避的主要对象。

后卫（滑铲者）：单个出现，会对正在带球的前锋进行滑铲。

天使：即玩家（双人模式的守方）控制的角色，通过施放技能阻挡前锋。

（2）道具

钉墙：在左右两边延绵出现。

弹簧板：在钉墙上随机出现。

球门：在钉墙上随机出现。

（3）技能

地震：天使摇晃手机，球场会出现短暂的地震。

雾霾：天使对手机吹气，球场会出现雾霾，模糊视线。

暴走：前锋加速前进，可踢飞所有触碰到的后卫。

沉默：前锋不能踢球。

净化：去除沉默状态。

加速：前锋加速前进。

减速：前锋减速前进。

游戏逻辑与规则

（1）单人模式

玩家通过手机陀螺仪感应控制角色的左右移动，需要避免前锋接触到后卫和钉墙。只需要考虑在水平左—右一维移动即可，无须考虑上下的移动。

点击屏幕，前锋就会向指定位置射球。

当足球碰到弹簧板后，会触发效果，变成"燃烧飞球"，飞球会消灭碰到的所有后卫（包括人墙和滑铲者），飞球只有碰到钉墙时才会消失。

飞球碰到人墙时，人墙不会整个消失，只有被碰到的单个后卫被消灭，所以飞球的角度控制是一门技巧。

飞球消失后会从前锋后方传进一个新的足球，即足球会刷新。

当足球被射进球门时，会触发"暴走"模式，即无视一切障碍向上冲刺，碰到的所有后卫都会被消灭，双倍得分；"暴走"状态下无法射门。

前锋可用身体触碰场地上的出现技能图标来获得技能，获得的技能存储在屏幕左下方的技能栏里，玩家点击即可使用该技能。

（2）双人模式

攻方与单人模式相同。

守方采用天使视角，即守方选择合适的时机通过施放技能来阻止攻方顺利前进，直到把攻方触碰到"游戏结束条件"为止。

游戏结束条件

前锋在任何状态下（带球和不带球）接触到了任何障碍，包括后卫和钉墙；弹簧板和球门不算障碍。

被滑铲者铲倒。需要说明的是，当前锋没有带球时，滑铲者不会滑铲前锋。

原型设计如图2～图5所示。

图2　主菜单界面

图3　双人模式界面

图4　游戏进行界面

图5　游戏结束界面

如图 2 所示，SINGLE 为单人模式，COMPELE 为双人模式。

如图 3 所示，双人模式下用户选择攻守中的一方，按下"剑"的图标为攻方，按下"盾"的图标为守方；左上为"退出"按钮，按下后返回重新选择。

如图 4 所示，是游戏中界面的简单演示。

右上角显示玩家当前的分数，其他区域为游戏的关卡显示区域，在后面的部分会详细陈述关卡的设计。

如图 5 所示，游戏结束时直接返回。GAME OVER 字样旁边是一只迷晕的小动物，中间为本局分数和历史最佳分数。下方是两个功能按钮：分享；开始新一局游戏。

4. 作品实现、难点及特色分析

（1）作品实现

①单人模式。
同"游戏逻辑与规则"中的单人模式。
②双人模式。
同"游戏逻辑与规则"中的双人模式。

（2）特色分析

①模式创新。
与传统的跑酷游戏的"躲避障碍物—拾取奖励"的模式不同，《Crush Boy》巧用逆向思维，把障碍物替换成了后卫，获得奖励的方式也变成了射门。

与传统的双人游戏的"合作—共同杀敌"的模式不同，《Crush Boy》的双人模式采用捣乱的方式，用技能阻止对方前进，避免了两个实力悬殊的人无法一起愉快玩耍的尴尬。

游戏操纵方式除传统的点击、重力感应之外，还加入摇晃手机、吹气等新鲜的玩法，给用户带来全新的体验。
②界面轻松、活泼。
整体界面采用让人心情愉悦的糖果色，轻松活泼，人物胖萌可爱，表情诙谐幽默，玩起来让人爱不释手。
③简单直观。
前三次进入游戏时，会有新手导航帮助玩家快速上手。

《Crush Boy》的界面力求简单、直观，用通俗易懂的图标代替多余文字，减少玩家进入游戏的阻力；一目了然，使玩家能清晰地感受到游戏布局。

　　④音效动感。

　　真实还原足球场上热情洋溢的场景，伴随着观众的欢呼声、哨声、踢球声、跑动声、欢呼声一路向前！

　　⑤分享功能强大。

　　支持一键分享到微信、朋友圈、QQ 空间、微博，满足用户炫耀和互动的需要，增加用户黏度和忠诚度，并吸引更多的用户。

　　（3）难点和解决方案

　　我们遇到的最大的难点就是流畅性不好，这对游戏来说几乎是致命性的缺点。经过测试和分析，我们发现整体架构不好，又重新写了一遍，再加上预加载和批渲染技术，最后才解决问题。

　　在实现双人模式的时候，我们考虑到用无线网络和 3G/4G 网络可能都无法达到实时同步的效果，我们采用了蓝牙连接的方法来实现同步。

作品6 PALM HOUSE 智能家居手机控制系统

获得奖项	本科组一等奖
所在学校	北京联合大学
团队名称	PALM HOUSE
团队成员	庄梓君　黄俊伟　李　强
指导教师	马　楠

成员分工

庄梓君　负责环境搭建，确定通信协议，蓝牙助手编程，设计应用界面与相关按钮，以 PNG 格式呈现；进行扩展模块设计与实现；进一步完善应用界面与相关按钮，并最终在手机上完成代码实现。完成参赛所需文档材料。

黄俊伟　负责处理器的确定及相应环境的搭建，导通蓝牙模块；沙盘制作、加湿器驱动电路的制作，传感器的研究及其数据传输分析。

李　强　负责实现上位机与处理器间传输数据；控制程序的编辑。

1. 作品概述

　　本软件依托 Android 平台的技术支持，通过软件更新与互联网接轨，借助蓝牙无线传输技术进行数据传输，来实现 PALM HOUSE 对智能家居的调控。用户将在首页界面中获得实时监测到的温湿度数据，并可选择控制对象——沙盘或实物。进入选择界面后，可选择客厅、卧室、厨房、卫生间四个控制区域，然后选择要操作的家具。用户还可以控制加湿器实物的开启关闭，并可调节加湿强度，这种实物控制更体现了 PALM HOUSE 软件的实用性。

　　只要您有一部 Android 2.1 以上系统的智能手机，就可安装我们的软件，对家具借助一些硬件设备进行控制，就可以让您足未寸行搞定一切心里所想、生理所需，尽情地享受您的掌上之家！

2. 作品可行性分析和目标群体

（1）可行性分析

①背景

随着城市人口的增加和人们生活节奏的加快，智能家居系统越来越受到人们的重视，随着技术的日益成熟，智能家居系统必将普及到每一个用户家中。本系统注重满足人们在方便性和舒适度方面的需求，着重强调在北方较干旱地区家居环境空气温、湿度的调控及其他设施的远程控制。该系统的客户端运用了安卓智能手机操作系统，通过蓝牙传输平台，主要是提供手机遥控功能，检测家居环境质量，控制门、电视机、灯、加湿器、空调等家具的开启和设定。

②技术可行性

本软件依托 Android 平台的技术支持，通过软件更新与互联网接轨，以蓝牙的短距离通信为核心技术，通过和家具蓝牙接口的信息传输与控制，来实现 PALM HOUSE 对智能家居的调控。

③市场前景

目前智能家居系统越来越受到了人们的重视，随着技术的日益成熟，智能家居系统必将普及到每一个用户家中。而智能家居的调控器却不够便携。我们所开发的 PALM HOUSE 智能家居控制系统，以其即时反馈性、低成本、联网即时更新性、便捷性，将具有巨大的市场前景。

（2）目标群体

适用于普通手机用户和智能家居使用者，特别是对生活质量和舒适度要求高的用户。

3. 作品功能与原型设计

作品功能分别如图 1 和表 1 所示。

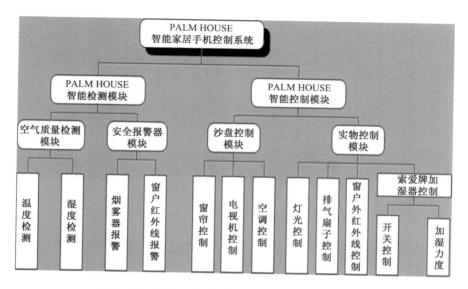

图 1　PALM HOUSE 智能家居手机控制系统功能图

表 1　PALM HOUSE 主体功能板块

模块名称	功能简述
PALM HOUSE 软件启动	建立蓝牙连接，由用户手动进行
应用区域选择	客厅、厨房、卧室、卫生间
智能检测模块	检测温度、湿度、安全报警设备
传输命令并执行	实现智能家居的开启和调控

原型设计如图 2～图 18 所示。

图 2　Logo

（a）实时监测功能　　（b）无线调控功能　　（c）便利的生活　　（d）掌上之家

图3　四个引导界面

图4　启用界面　　　　图5　首页界面　　　图6　监测与控制选择界面

图7　可燃气体检测　　图8　红外检测　　　图9　烟雾检测

图 10　选择界面

图 11　壁灯具体操作界面

图 12　窗帘控制界面

图 13　空调控制界面

图 14　彩灯控制界面

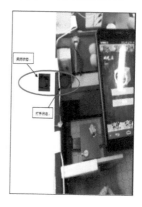

图 15　排气扇控制界面

图 16　台灯控制界面

（a）加湿增强

（b）加湿减弱

图 17　加湿器实物控制及其界面

4. 作品实现、难点及特色分析

1）作品实现

（1）软件智能控制主要体现在如下两个方面

①对霓虹灯的定时操作功能。

对于常用的并且在使用时间上有一定规律性的家具设备，我们提供定时控制功能。用户可以借助我们软件系统里提供的定时器，对某一控制对象，设定其打开或关闭的时间，这样给用户带来更多的方便。我们以霓虹灯为例为大家做展示（详细演示可观看我们提供的视频），其设定控制界面如图 19 所示。

图 18　使用说明界面

图 19　霓虹灯的定时控制

②软件通过温度检测，实现对空调的智能操作；通过对湿度检测，实现对加湿器的智能操作。

在智能监测模块，我们有室内环境温湿度的监测功能，为了使采集来的数据更加充分的被利用，也为了让我们的智能家居系统更加智能化。系统可以通过对采集得来的数据加以分析，按照人为事先设置的情况，对加湿器和空调进行控制。如当室内温度高于 27℃时，空调将开启制冷功能，当温度低于 20℃时，将开启制热功能；同样，当室内湿度低于 45%的时候，加湿器将自动打开进行室内加湿，当室内湿度高于 60%时，加湿器将自动关闭，停止加湿工作。操作界面如图 20 和图 21 所示。

（a）27℃前

（b）27℃后

图20　27℃前后空调的状态显示

（a）40%前

（b）40%前

图21　40%前后加湿器的状态显示

（2）UI友好度

在设计界面的过程中，UI的友好度是比较难掌控的问题。在如今崇尚简洁、自然界面的大环境下，想表达出我们创意和特色，这就非常考验我们的图像表达能力和文字表达能力。在经过UI设计组前前后后设计提出了五套方案（过程方案见图22和图23）和全队的多次讨论后，以"先定大方向，再排查小细节"，加之全队亲身体验的方式，最终解决了这一大难题。

图22 方案1界面

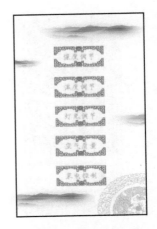

图23 方案5界面

（3）相关硬件的开发

①实验沙盘及实物控制对象。

如图24和图25所示，分别为沙盘和实物对象图。沙盘充分体现三居室、客厅、厨房、厕所的环境设施，实物为常规加湿器设备。

图24 沙盘

图25 加湿器

②蓝牙数据传输分析。

蓝牙技术是一种尖端的开放式无线通信标准，能够在短距离范围内无线连接桌上型电脑与笔记本电脑、便携设备、PDA、移动电话、拍照手机、打印机、数码相机、耳麦、键盘甚至是电脑鼠标。蓝牙无线技术使用了全球通用的频带（2.4GHz），以确保能在世界各地通行无阻。简言之，蓝牙技术让各种数码设备之间能够无线沟通，让散落各种连线的桌面成为历史。有了整合在 Mac OS X 中的蓝牙无线技术，你就可以轻松连接你的 Apple 电脑和基于 Palm 操作系统的便携设备、移动电话，以及其他外围设备——在 9 米（30 英尺）距离之内以无线方式彼此连接。蓝牙模块及其芯片如图 26 所示。

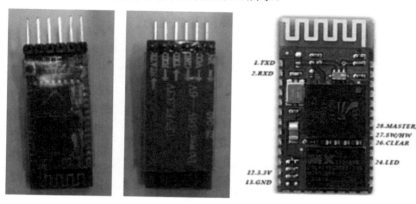

图 26　蓝牙模块（BC417）

蓝牙配置（at 指令集），如图 27 所示。

- 以 at 进入其指令集的配置；
- at+name=palm house　蓝牙名称配置；
- at+pswd=12345　蓝牙密钥配置；
- at+reset　配置结束。

图 27　蓝牙配置

蓝牙配置参数，如表 2 所示。

表 2　蓝牙参数

名　称	BC147 蓝牙模块
电源	Power:3.6v-6v; level:3.3v；工作电流：I<100mA
主机接口	UART 串口（CMOS、TTL 电平）
接口信号	RX、TX、GND
数据传输波特率	38400 b/s

③Stm32 开发板的学习。

我们做要完成的手机控制系统，包含多种控制及检测对象，所以其对处理器要求相对还是很大的，通过一系列的市场调研及对各种开发平台的比较，最终我们决定运用 stm32 开发板，如图 28 所示。

图 28　Stm32 开发板

Stm32 简介：Stm32 系列基于专为要求高性能、低成本、低功耗的嵌入式应用专门设计的 ARM Cortex-M3 内核。按性能分成两个不同的系列：STM32F103"增强型"系列和 STM32F101"基本型"系列。增强型系列时钟频率达到 72MHz，是同类产品中性能最高的产品；基本型时钟频率为 36MHz，以 16 位产品的价格得到大幅提升的性能，是 16 位产品用户的最佳选择。两个系列都内置 32KB 到 128KB 的闪存，不同的是 SRAM 的最大容量和外设接口的组合。时钟频率 72MHz 时，从闪存执行代码，STM32 功耗 36mA，是 32 位市场上功耗最低的产品，相当于 0.5mA/MHz。

实验源码（主函数部分），如图 29 所示。

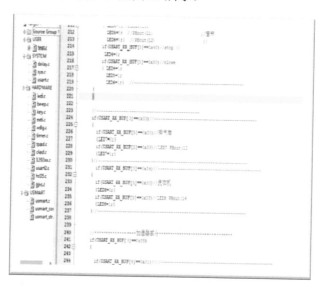

图 29　实验源码

④zigBee 组网及数据传输分析。

对于数据的采集，我们用的是 zigBee 网络，zigBee 网络是一种低速短距离传输的无线网络协定，底层是采用 IEEE 802.15.4 标准规范的媒体存取层与实体层。主要特色有低速、低耗电、低成本、支援大量网络节点、支援多种网络拓扑、低复杂度、快速、可靠、安全。

由 zigBee 节点携带一个或多个传感器，节点将传感器采集到的数据，通过 zigBee 网络发送到协调器，协调器将这些数据进行处理后，传输到我们的处理器中，然后我们通过处理器，提取出我们需要的数据，并打包成我们的传输协议格式，zigeBee 模块硬件设备如图 30 所示。

图 30　zigBee 组网

⑤大功率器件（加湿器）制动研究。

如图 31 和图 32 所示，我们使用的加湿器，直接是 220V 的交/流供电，而如果需要用单片机控制，其电压是远远达不到的。通过对加湿器/内部电路的分析，我们发现他的直接供电电压是 12V 和 28V，并且是通过开关处的电位器分压方式控制雾量大小。根据这一特点，我们制作了如图 33 所示的驱动电路。

产品名称: 安琪尔 JS04	品牌: 安琪尔	型号: JS04
货号: JS04	颜色分类: 苹果绿+2包除垢剂+2瓶精油...	加湿器分类: 加湿
适用对象: 家用 商用 工业 其它	适用面积: 21m^2 (含)-30m^2 (含)	功能: 负离子 超声波 制氧 香薰 纯净加...
形状: 卡通水果	电源方式: 交流电	水箱容量: 2.6L(含)-4L(含)
操作方式: 旋钮式	出雾口数量: 一个	噪声: 36dB以下
是否支持定时功能: 不支持	是否支持缺水断电保护: 支持	加湿方式: 出雾

图 31　加湿器参数

图 32　加湿器变压器电路（220V 转 12V、28V）　　图 33　加湿器开关及强度调节控制电路

2）特色分析

PALM HOUSE 智能家居手机控制系统由于使用蓝牙这种无线传播方式具有便捷性，轻轻松松控制家具，带来生活上的便利。其次，PALM HOUSE 智能家居手机控制系统基于安卓平台，可移植性、维护性好。

作品 7　绘　藤

获得奖项　本科组一等奖
所在学校　华南理工大学
团队名称　LastFlower
团队成员　傅博泉　吴泽银　胡　赛
指导教师　周　杰
成员分工

　　傅博泉　负责总体设计、后端开发、少量前端开发、UI 和用户体验设计。
　　吴泽银　负责前端开发、UI 和用户体验设计。
　　胡　赛　负责系统测试、前端代码打包、服务器端部署及维护、文档维护。

1. 作品概述

选题背景

　　近年来，随着互联网的普及、计算机科技水平的提高，以及人类日益丰富的精神文化生活的要求，人们相互间的沟通交流越来越频繁，方式也越来越多样化。各种各样类型的 APP 如雨后春笋般涌现，并逐渐在改变人们的生活节奏和生活方式。纵观当前社交 APP 市场，可谓千帆竞发，通过对该领域领先的多款 APP 产品，从社交方式维度进行比对，可分为移动 IM、微博、SNS、LBS等。如手机 QQ、微信、米聊、易信、来往等均属于移动 IM；而新浪微博、腾讯微博则属于微博类，当然现在新浪微博也实现了一部分 IM 的功能，但功能和用户体验还是较弱；人人网、腾讯朋友网属于 SNS 方式，当然最著名的莫过于国外的 Facebook，它算是 SNS 模式的全球巨头；而陌陌、遇见等则属于将移动 IM 与 LBS 的整合；缘助圈更是除将 LBS 和移动 IM 外，还融合了微博传播互动功能，从而较具特色，甚至可以说是将早些年的社区概念与当前流行的社交概念进行了一次整合。以上各种社交 APP 可以说各具特色，但相互之间也有些许雷同，伴随着广大网民不断增长的新的需求，当今社交 APP 市场需要注入的是一股新鲜血液，而不是扎推的模仿。因此，本项目旨在尽可能地为广大网民提供一种新颖而独特的交流方式，满足其渴求创新、多元化的需求。

项目意义

我们将选择几款优秀产品进行分析，从而引出开发本项目的意义。

（1）微博

这几年很火的微博是基于一种弱社交关系的信息分享平台。由于其在用户群体的关系松散自由，所以让信息分享的传播范围更广、力度更大、速度更快，影响也更深远，可以说极大地改变了人们的日常生活。但有一点，微博的内容不能被其他人所更改，只能够进行像评论这样的行为。

（2）有道云笔记

有道云笔记是一个走简约清新路线的应用。该云笔记用户体验做得很流畅，不仅上手简单能激起用户记录的兴趣，而且还能传文件发微博。而整个应用做的功能分布也比较合理。不过云笔记只面向个人，不具备社交应用的性质。

（3）SketchBook

SketchBook 是一款新一代的自然画图软件，软件界面新颖动人，功能强大，仿手绘效果逼真，自定义选择式界面方式，人性化功能设计。通过它，你能够制作出专业水平的素描和绘画作品。绘图工具带有极其丰富的触笔和各色工具，如铅笔、喷咀、油画笔、原子笔、甚至填充效果等，非常实用。需要强大的软件和硬件的支持。但其主要用于个人创作，不用于社交场合。

结合以上的相似产品分析，可以看到目前信息记录类的应用具有两个缺陷，一是对内容的开放度不够，二是信息记录与社交的结合度还有提升的空间。所以我们的应用——绘藤，期望具备上述几款应用的优点，并去创造出一种更开放的内容模式，让用户轻松地以多媒体手段记录生活、发布作品、自我表达。它既是一个实用工具，又是一个社交网络的平台。本应用支持直接对原创故事的改进和延展，而不仅仅是评论等附加的方式，并在记事本与作品之间搭起一座"桥梁"，让用户不仅能施展才华，还能有自己独立的空间。更重要的是它提供了一个"绘图日记本"，以图表达故事，以图续写故事，以图作为兴趣相投的用户之间交流的媒介。通过这种别具一格的方式，给广大爱好者用户创造了一个更加广阔、开放、自由的空间，促使他们插上想象的翅膀，充分地发挥自己的创作才华，从而萌生更多精彩纷呈的故事作品。

总之，本应用能为广大爱好者、用户提供一个新颖、轻松而有趣的分享和交流的多媒体社交平台。

2. 作品可行性分析和目标群体

（1）可行性分析

本项目旨在为广大对多媒体社交网络感兴趣的用户，以及热爱绘画或记录生活和创意的人提供一个描绘生活小故事或发布个人作品和创意，从而实现自我表达的并可相互分享和交流的公共的社交平台。它与一般的社交平台（如微博）相比，其创新之处在于，它提供了一个绘图日记本，用户发布的"帖子"，是在该绘图日记本上描画出来的一张或多张带有顺序的图组成，类似于"四格漫画"，通过图来表现一个小故事或一个创意点子。它的核心创意是"续写"，将故事的发展与藤蔓的生长作比较，如某用户通过绘图日记本发布自己的小故事或创意，而其他用户对该用户的故事内容感兴趣，便可在此基础上对故事进行接续，从而表达自己的创意。如此循环下去，即如藤蔓生长趋势。此外它可实现故事的聚合，推荐流行的故事，支持故事延展，故事可以在多位用户的修改、完善后变得更精彩，如藤蔓一般，精品故事在不断发展和交错。平台支持用户间的协作，使多位用户（甚至是不特定数目的用户）可以共同完善和发展一个作品，实现内容精品化。这种设计思路，使得用户所发表的作品通过丰富又简约的形式，采用开放的做法展示出来，从而保持鲜活持久的生命力。同时它提供了一种独特而新颖的社交方式，能满足广大网民对创新性、趣味性等渴求，给社交 APP 市场注入新鲜血液，因此是可行的。

（2）目标群体

适用于绘画爱好者、喜欢记录生活与创意、喜欢手机多媒体社交网络的年轻人。

3. 作品功能与原型设计

作品功能如图 1 所示。

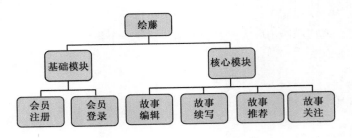

图 1　总体功能结构

会员注册模块

使用本系统前必须先注册，注册时必须填写要求格式的用户名、密码和有效的邮箱。系统会对用户填写的信息进行检验，合法用户的注册邮箱会收到邮件通知。只有通过注册模块注册并经过验证的合法用户才能成为系统的会员，拥有属于自己个人的故事创作和管理空间。

会员登录模块

注册成功的会员，便可使用注册的用户名和密码登录。信息填写正确的会员便可登录进入系统。每个会员都拥有属于自己个人的故事创作和管理空间。且可以对个人的信息进行修改，如修改登录密码等。

故事编辑模块

每个会员都拥有自己个人故事创作空间，会员可通过其发布自己的生活小故事。该模块为会员提供了一个"绘图日记本"，会员可在上面发挥自己的灵感和创作才华。该模块包括编辑、保存草稿、发布三个功能，在正式发布之前，会员可通过编辑、保存草稿方式对描绘的故事不断进行加工完善。而一旦发布，便不能再对故事进行修改。每个会员发布的不同故事都会展现在个人故事空间的故事列表中。

故事续写模块

本系统是一个供广大爱好者共同分享和交流的公共社交平台，每个会员不但可以发布自己的故事作品，还可以浏览欣赏其他会员的故事作品，并可对自己感兴趣的故事作品进行续写，即发布自己的见解和创意，对故事进行延展。

当然故事原创者和其他任何会员都可以通过该模块进行续写，同时也可对续写的故事继续进行续写。如此循环，每个故事便可像藤蔓一样无限拓展，最终形成一棵故事树，该模块可说是本系统的一个核心亮点，为形象地表达"绘藤"的创意，如图 2 所示是以一棵树来打比方说明。

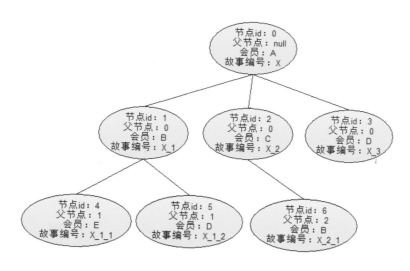

图2　"绘藤"核心创意抽象图

图中，每个节点比作某个会员创作的故事或其后续。ID 为 0 的节点是整棵树的根节点，表示整个故事开始的源头，其他节点是在原始故事基础上的续写。在这里为了形象表示各节点间的关系，在每个节点上标注了其 ID、父节点、创作者以及所属的故事编号（注意：这些属性都是些抽象出来的概念，以便大家理解"绘藤"的创意）。其中节点 1，2，3 是会员 B，C，D 对原始故事的直接续写；而节点 4 和节点 5 是会员 E 和 D 在节点 1 会员 B 的接续的基础上继续进行续写；节点 6 是会员 B 在节点 2 会员 C 的续写的基础上继续续写。

故事推荐模块

为方便广大用户登录系统后快速获取系统中可能比较感兴趣的故事作品，本系统设计了故事推荐模块。采用的推荐度算法为每个故事的推荐度与其发布时间 time、关注数量 focuses、续写篇数量 children 等因素函数相关。会员登录进入系统之后点击"推荐"便可观察到系统中推荐的故事列表，点击某个故事便可进去浏览该故事的相关信息。

该模块的设计更加有利于精品故事的推广，让更多的爱好者参与分享和交流，从而创造出更加精美绝伦的故事作品，在整体上提高系统创作质量。

故事关注模块

每个会员在浏览其他会员发布的故事过程中，可对感兴趣的故事添加关注，当然也可对故事的作者添加关注。系统会对每个故事的关注数量进行统计，关注数量越多的故事主题自然也越容易成为被推荐的对象。会员登录进入系统之后，点击"提醒"，便可浏览到自己已经关注的故事列表的更新。

更新提醒模块

为了便于会员把握所关注用户和故事的发展动态，系统还专门设计了故事更新提醒功能。系统一共设计了三种提醒功能：①当会员所关注的故事作品有了新的后续时，会收到提醒。②当会员所关注的用户发布了新的作品时，会收到提醒。③当会员关注的用户有了新的续写的时候，会收到提醒。系统设计更新提醒功能主要是由于各创作者对故事的情节可能有新的灵感，方便每个会员能及时获得所关注用户和所关注故事情节的发展动态，使整个设计更加人性化。

原型设计如图 3～图 8 所示。

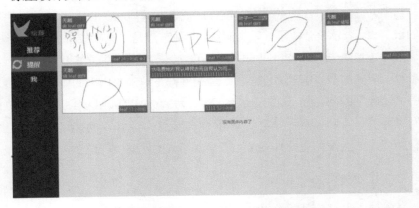

图 3　更新提醒功能——1280px 屏幕宽度下的显示

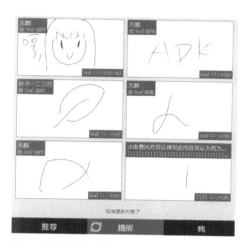

图4 更新提醒功能——小于800px屏幕
宽度下的显示

图5 更新提醒功能——小于400px屏幕
宽度下的显示

图6 注册功能

图7 故事图集及其后续浏览

图 8　故事编辑模块绘图区

4. 作品实现、难点及特色分析

（1）作品实现

①宏观设计。

考虑到创意本身的特点，我们同时制作了 APP 端和 Web 端。这么做是考虑到一个实际情况：在手机上绘画是比较困难的，而拥有平板电脑的用户比较有限；如果用户需要追求画面质量，在 PC 上使用数位板或鼠标绘画比较合适。提供一个 PC Web 端，对于社交网络的发展比较有利。

在这个前提下，我们的技术实现上采用了 Web APP 的手段。首先，使用 HTML5 等浏览器前端技术制作 Web APP，使它能够同时运行于 PC Web 和 Mobile Web 上。然后，将 Web APP 和浏览器内核封装在一起，做成一个手机 APP。这里，我们采用的封装技术是 Crosswalk。Crosswalk 使用 Chromium 内核作为 Web APP 的运行时环境，使 APP 的表现与网页 Web APP 几乎一致，并拥有非常好的性能。后期的实践证明这个选择非常明智，实际效果非常理想。

就服务器端而言，我们采用了目前 Web APP 界很流行的 Node.js+MongoDB 的解决方案。相对于客户端，服务器端代码规模较小，没有使用重量级的技术。目前，服务器端运行于百度提供的 PaaS 容器中（BAE 和 BCS）。

②代码结构。

项目采用 fw.mpa 作为代码框架。fw.mpa（https://github.com/LastLeaf/fw.mpa）

是傅博泉（本开发团队负责人）独立设计实现的一个开源实时 Web APP 框架。这个框架可以构建出能同时运行于浏览器和 APP 封装器中的代码，赋予 APP 足够的离线支持，并为 Web APP 提供大量优化。

③客户端代码。

客户端代码是对客户端 UI 的完整实现。其主要部分就是各个页面的 JavaScript、CSS 和模板代码。这里采用 Handlebars 作为模板引擎，以避免潜在的 XSS 漏洞。主要页面是完全由客户端渲染的。

值得一提的是，APP 端和 Web 端使用的客户端代码完全一致，对屏幕的适应完全通过 CSS3 Media Queries 来完成，对于不同的屏幕尺寸有高度的自适应能力，在手机、平板和 PC 上都有很好的排版效果。

在 fw.mpa 中，页面被划分为相互间存在依赖关系的"子页面"，在减少页面切换代价的同时，也减少代码量、提高可维护性。具体原理请参见 fw.mpa 文档，这里不再赘述。

在客户端中，最复杂的部分是绘图区模块。这个模块负责显示一个绘图区域、捕捉用户在这一区域中的触摸或鼠标操作并转换为笔迹线条。这个模块在对性能的要求很高的同时，要求能响应用户的各种事件效果，并能够对用户绘制的线条进行一定程度的美化。对笔触的美化是目前整个 APP 中算法最复杂的地方，现已有几种笔触算法的实现。

④服务器端 RPC 代码。

在需要向服务器端发送或请求数据的时候，客户端会向服务器端发送 RPC（远程过程调用）请求。服务器端用于响应各种 RPC 请求的代码被称为 RPC 代码。这部分代码以业务逻辑为主，结构上并不复杂，代码量相对较小。

RPC 的请求与响应过程由 fw.mpa 控制，默认情况下，fw.mpa 使用 websocket 协议传输数据，以求最佳的网络性能。潜在的 CSRF 漏洞也会被 fw.mpa 避免。

⑤服务器端底层模块。

服务器端底层模块主要包括一些底层基础设施和辅助函数的实现。现有的基础设施包括数据库适配器（MongoDB 请求代理）、文件系统适配器（BCS 请求代理）和 SMTP 邮件发送模块。这些都是服务器端最基本的组件，与具体业务几乎没有关系。

此外，服务器端中还存在着很少的"特殊页面"，用于支持 Web 端的一些特殊功能（如邮件中的用户账户禁用链接）。这些页面由服务器端直接渲染，代码与上述的客户端代码无关。

（2）特色分析

Web 端和 APP 端完全使用同一份客户端代码实现，通过高度的响应式设计和 CSS3 Media Queries 来完成对各种尺寸屏幕的适应和优化。

基于独特的 fw.mpa 框架，Web APP 的路由功能、运行时性能和代码可维护性很好。

使用 node.js 和 Mongodb 实现轻量级服务器端，简单高效易维护。

自行实现的绘图区功能模块功能强大，现已完整支持线条粗细、32 位 HSLA 颜色和多种笔触效果。

（3）难点和解决方案

绘图区的笔触效果需要精妙的算法和实现支持。部分爱好者对笔触效果的要求比较高，这需要比较好的笔触算法支持。同时，笔触算法还要有足够好的性能，否则在低端设备上的绘制延迟会很高。同时做到良好的笔触效果和高性能是很困难的事情。目前的实现在这两者间做了折衷：笔触效果不是很完美，但性能也不是很差。这部分还有很大的优化空间，同时，优化的难度也是巨大的。

响应式设计的实现。为了适应 PC、平板和各种尺寸的手机屏幕，必须采用高度的响应式设计。最多时一个页面会包含 5 种不同样式，根据屏幕尺寸的不同来选用不同的样式，这对设计和实现都提出了很高的要求。页面在实现时，我们对这个问题进行了充分的尝试和讨论，最终我们采用 CSS3 Media Queries 完成对各种尺寸屏幕的适应和优化。

作品 8 校园帮

获得奖项 本科组一等奖
所在学校 山东大学
团队名称 PRE
团队成员 邵佳琦　魏宁宁　岳成磊
指导教师 许冠林
成员分工

邵佳琦　负责策划、后台、客户端代码编写。
魏宁宁　负责客户端代码编写。
岳成磊　负责界面设计、客户端开发。

1. 作品概述

选题背景

"校园帮"是一个移动终端上的任务发布平台，也可以称为"空闲时间"交易平台或"二手时间"交易平台。

我们平时经常会有想要的东西或有想做的事，但为了去做这些事情我们也许不得不付出一定的代价，如要乘公交，要花时间，要费精力等，一言以蔽之就是要与懒作对抗。也许你会为了足不出户地吃一块一公里外的最喜欢的那块蛋糕而多付两元小费，那么就到了"校园帮"大展拳脚的时候了。也许我此时正路过那家蛋糕店并且不需要绕路就可以经过你家到达我的目的地，那么我就可以赚到这两元钱，"校园帮"就是我们之间的中介。

项目意义

促进同学们之间的交流，可以让同学们广泛交朋友，最重要的是解决同学们平时遇到的种种困难，提高办事效率。

2. 作品可行性分析和目标群体

（1）可行性分析

平时同学们经常需要让人从别处带东西回来，但是找不到人是常有的事儿，这个需求是非常大的。所以对我们应用的需求应该也是迫切的。在技术上的可行性，现在 Android 的开发渗透到各个方面，诸如地理定位等。在经济上，随着人们生活水平的提高，别人帮助自己一件事给个十块二十的十分普遍，帮助越大给予则越多。而对于大多数人，随手帮助别人一下，并能获得小费何乐而不为。在社会上，我们的软件具有非常大的商业潜力，因为他存在钱财的流通，有些人甚至每天靠给别人做任务就能得到很多钱。在生活中遇到的各种难题有别人来帮你解决，提高了我们的生活质量。

（2）目标群体

适用于在校大学生或其他非校内人士。

3. 作品功能与原型设计

作品功能

作品功能如图 1 所示。

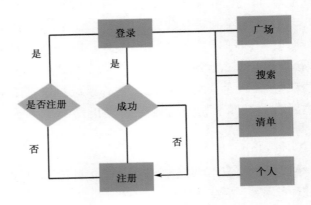

图 1　总体功能结构

登录模块

用户输入自己的注册邮箱和密码登录。可以选择是否记住密码，若选择记住密码的话，下次登录的时候就不用输入密码，如果不选择记住密码，下次登录要重新输入密码。

注册模块

在注册模块中，用户输入相关信息，包括学号、姓名、密码等。如果必填的信息都填好了，然后点击注册，则反馈给用户是否登录成功的信息。

广场模块

用户登录成功后，将显示广场界面。用户在这里可以看到与自己相关度最高的任务列表，这些任务可能是地理位置距离用户最近或比较近的，也可能是与用户习惯性常到达的场所较近的任务。用户还可以根据"综合"、"学校"、"紧急"、"悬赏"四个按钮来筛选自己感兴趣的任务。列出的任务被点击会进入任务详情界面。

搜索模块

在搜索模块中，用户可以根据自己的需求，用关键字来搜索自己感兴趣的任务，同样也可以根据"综合"、"学校"、"紧急"、"悬赏"四个按钮来筛选任务。

清单模块

此模块中有两个可切换页面，分别可以查到用户已接和已发布的任务，以及任务的各种信息和状态，点击任务可以进入任务详情界面。

个人信息模块

在这个模块用户可以查看和修改自己的昵称、性别、电话、校区、信息，还包括反馈信息。

发布任务模块

在界面中会有一个浮动按钮，点击就会进入发布界面。用户可以发布自己的任务，填写对于任务的报酬、期限、描述和细节等具体信息并发布。

任务详情模块

当在任何一个任务列表中点击一个任务时便会进入任务详情界面，在此界面，你可以查看任务的发布者、报酬、期限、描述和细节等具体信息，可以选择是否接受此任务或是否放弃此任务。如果想接受任务就可以点击联系按钮，可以直接给对方发送消息联系对方，也可以点击电话，跳转到拨打电话的界面。

原型设计

原型设计如图 2～图 9 所示。

图 2　注册模块

图 3　广场界面

图 4　搜索界面

图 5　清单界面

图 6　个人信息界面

图 7　任务发布界面

图8　任务详情界面

图9　拨打电话界面

4.　作品实现、难点及特色分析

（1）作品实现

①客户端程序架构。

客户端分包为 entity（实体），activity（界面包），adapter（适配器包），container（容器包），fragment 包，net（网络传输包），share（本地化文件包），subfragment（次级 fragment 包），util（工具包），view（控件包）。

②界面实现。

首先我们利用 TabHost 加上四个底部的图标实现四个 fragment 之间的跳转，然后利用 ViewPager 实现界面的滑动跳转。

③异步加载数据。

Android 的 Lazy Load 主要体现在网络数据（图片）异步加载、数据库查询、复杂业务逻辑处理，以及费时任务操作导致的异步处理等方面。在介绍 Android 开发过程中，异步处理这个常见的技术问题之前，我们简单回顾一下 Android 开发过程中需要注意的几个地方。

Android 应用开发过程中必须遵循单线程模型（Single Thread Model）的原则。因为 Android 的 UI 操作并不是线程安全的，所以涉及 UI 的操作必须在 UI 线程中完成。但是并非所有的操作都能在主线程中进行，Google 工程师在设计上约定，Android 应用在 5s 内无响应的话会导致 ANR（Application Not Response），这就要求开发者必须遵循两条法则：①不能阻塞 UI 线程，②确保只在 UI 线程中访问 Android UI 工具包。于是，开启子线程进行异步处理的技术方案应运而生。

④采用 AsyncTask 加载数据。

Android 的 AsyncTask 比 Handler 更轻量级一些，适用于简单的异步处理。

首先明确 Android 之所以有 Handler 和 AsyncTask，都是为了不阻塞主线程（UI 线程），且 UI 的更新只能在主线程中完成，因此异步处理是不可避免的。

Android 为了降低这个开发难度，提供了 AsyncTask。AsyncTask 就是一个封装过的后台任务类，顾名思义就是异步任务。

AsyncTask 直接继承于 Object 类，位置为 Android.os.AsyncTask。要使用 AsyncTask 工作，我们要提供三个泛型参数，并重载几个方法（至少重载一个）。

⑤即时聊天系统实现。

基于 xmpp 实现的 openfire。

```java
@Override
public void onCreate(Bundle savedInstanceState) {
    super.onCreate(savedInstanceState);
    setContentView(R.layout.formclient);

    //获取 Intent 传过来的用户名
    this.pUSERID = getIntent().getStringExtra("USERID");

    ListView listview = (ListView) findViewById(R.id.formclient_listview);

    listview.setTranscriptMode(ListView.TRANSCRIPT_MODE_ALWAYS_SCROLL);

    this.adapter = new MyAdapter(this);
    listview.setAdapter(adapter);

    //获取文本信息
    this.msgText = (EditText) findViewById(R.id.formclient_text);
    this.pb = (ProgressBar) findViewById(R.id.formclient_pb);

    //消息监听
    ChatManager cm = XmppTool.getConnection().getChatManager();
    //发送消息给 water-pc 服务器 water（获取自己的服务器和好友）
```

```
//              final Chat newchat = cm.createChat(this.pUSERID+"@water-pc", null);
        final Chat newchat = cm.createChat("lee@water-pc", null);
        final Chat newchat1 = cm.createChat("chai@water-pc", null);
        final Chat newchat2 = cm.createChat("huang@water-pc", null);

        cm.addChatListener(new ChatManagerListener() {
            @Override
            public void chatCreated(Chat chat, boolean able)
            {
                    chat.addMessageListener(new MessageListener() {
                        @Override
                        public void processMessage(Chat chat2, Message message)
                        {
                                Log.v("--tags--", "--tags-form--"+message.getFrom());
                                Log.v("--tags--",
"--tags-message--"+message.getBody());
                                //收到来自 water-pc 服务器 water 的消息（获取自己的
服务器，和好友）

    if(message.getFrom().contains(pUSERID+"@water-pc"))
                                {
                                        //获取用户、消息、时间、IN
                                        String[] args = new String[] { pUSERID,
message.getBody(), TimeRender.getDate(), "IN" };

                                        //在 handler 里取出来显示消息
                                        android.os.Message        msg        =
handler.obtainMessage();

                                        msg.what = 1;
                                        msg.obj = args;
                                        msg.sendToTarget();
                                }
                                else
                                {
                                        //message.getFrom().cantatins(获取列表上的用
```

户，组，管理消息);

```
                                        //获取用户、消息、时间、IN
                                        String[] args = new String[] { message.getFrom(),
message.getBody(), TimeRender.getDate(), "IN" };

                                        //在 handler 里取出来显示消息
                                        android.os.Message msg = handler.obtainMessage();
                                        msg.what = 1;
                                        msg.obj = args;
                                        msg.sendToTarget();
                                    }

                                }
                            });
                }
            });

            //附件
            Button btattach = (Button) findViewById(R.id.formclient_btattach);
            btattach.setOnClickListener(new OnClickListener() {
                @Override
                public void onClick(View arg0)
                {
                        Intent intent = new Intent(FormClient.this, FormFiles.class);
                        startActivityForResult(intent, 2);
                }
            });
            //发送消息
            Button btsend = (Button) findViewById(R.id.formclient_btsend);
            btsend.setOnClickListener(new OnClickListener() {
                @Override
                public void onClick(View v) {
                        //获取 text 文本
                        String msg = msgText.getText().toString();
```

```
                    if(msg.length() > 0){
                            //发送消息
                            listMsg.add(new Msg(pUSERID, msg, TimeRender.getDate(),
"OUT"));

                            //刷新适配器
                            adapter.notifyDataSetChanged();

                            try {
                                    //发送消息给 xiaowang
                                    newchat.sendMessage(msg);
                                    newchat1.sendMessage(msg);
                                    newchat2.sendMessage(msg);
                            }
                            catch (XMPPException e)
                            {
                                    e.printStackTrace();
                            }
                    }
                    else
                    {
                            Toast.makeText(FormClient.this, " 请 输 入 信 息 ",
Toast.LENGTH_SHORT).show();
                    }
                    //清空 text
                    msgText.setText("");
            }
        });


        //接受文件
        FileTransferManager          fileTransferManager          =          new
FileTransferManager(XmppTool.getConnection());
        fileTransferManager.addFileTransferListener(new RecFileTransferListener());
    }


    @Override
```

```
protected void onActivityResult(int requestCode, int resultCode, Intent data) {
    super.onActivityResult(requestCode, resultCode, data);
    //发送附件
    if(requestCode==2 && resultCode==2 && data!=null){

        String filepath = data.getStringExtra("filepath");
        if(filepath.length() > 0)
        {
            sendFile(filepath);
        }
    }
}
```

⑥服务器架构。

采用 struts 框架，分为 action 包、model（实体类）包、util（工具包）filter（过滤器包）、service（服务包）。

Struts2 框架中核心组件就是 Action、拦截器等，Struts2 框架使用包来管理 Action 和拦截器等。每个包就是多个 Action、多个拦截器、多个拦截器引用的集合。

在 struts.xml 文件中 package 元素用于定义包配置，每个 package 元素定义了一个包配置，它的常用属性如下。

l name：必填属性，用来指定包的名字。

l extends：可选属性，用来指定该包继承其他包。继承其他包，可以继承其他包中的 Action 定义、拦截器定义等。

l namespace：可选属性，用来指定该包的命名空间。

Struts2 中 Action 是核心内容，它包含了对用户请求的处理逻辑，我们也称 Action 为业务控制器。

Struts2 中的 Action 采用了低侵入式的设计，Struts2 不要求 Action 类继承任何的 Struts2 的基类或实现 Struts2 接口（为了方便实现 Action，大多数情况下都会继承 com.opensymphony.xwork2.ActionSupport 类，并重写此类里的 public String execute() throws Exception 方法。因为此类中实现了很多的实用接口，提供了很多默认方法，这些默认方法包括获取国际化信息的方法、数据校验的方法、默认的处理用户请求的方法等，这样可以大大的简化 Action 的开发）。

Struts2 中通常直接使用 Action 来封装 HTTP 请求参数，因此，Action 类里还应该包含与请求参数对应的属性，并且为属性提供对应的 getter 和 setter 方法（当然，Action 类中还可以封装处理结果，把处理结果信息当做一属性，提供对应的 getter 和 setter 方法）。

MI：Dynamic Method Invocation 动态方法调用。

动态方法调用是指表单元素的 action 不直接等于某个 Action 的名字，而是以如下形式来指定对应的动作名：

<form method="post" action="userOpt!login.action">

则用户的请求将提交到名为"userOpt"的 Action 实例，Action 实例将调用名为"login"方法来处理请求。同时 login 方法的签名也是与 execute()一样，即 public String login() throws Exception。

注意：要使用动态方法调用，必须设置 Struts2 允许动态方法调用，通过设置 Struts.enable.DynamicMethodInvocation 常量来完成，该常量属性的默认值是 true。

作品9   疯狂的蘑菇

获得奖项　本科组一等奖

所在学校　复旦大学

团队名称　翠签传奇

团队成员　屠仁龙　杨　悦　周传杰

指导教师　王　新

成员分工

　　屠仁龙　负责游戏客户端开发，协调美术，后台工作。

　　杨　悦　负责交互设计、UI及游戏形象设计。

　　周传杰　负责游戏后台部分开发。

1. 作品概述

选题背景

　　近年来，智能手机、平板电脑等移动设备迅速发展，成为了人们日常生活中必不可少的装备。根据移动互联网第三方数据调查显示，2013年中国手机游戏用户已达到三点五亿，同比增长62.6%，每4个人就有1个人玩手机游戏；手游等移动游戏市场规模达到近一百亿元。就当今流行的移动端游戏而言，简单有趣的休闲类游戏成为了主流，越来越多的人会在闲暇时刻拿出手机，玩玩游戏以放松心情。

　　我们团队开发的游戏《疯狂的蘑菇》是一款休闲竞技类网络对战游戏。适合一些时间碎片化的年轻人游戏，界面清新自然，游戏人物搞怪，游戏借助云平台，充分利用各类技术，搭建起了一套完整的游戏。玩家既可以进行网络对战，也可以与AI进行对战。

项目意义

　　游戏创意来源于各类消除游戏，一些消除游戏为单人游戏而设计，例如，俄罗斯方块、消消乐、粉碎糖果等，这样实际上很大程度上限制了游戏的娱乐性。多人网络对战游戏，成为了目前游戏发展的一大趋势。我们游戏内容上的一大亮点就是对战（包括与 AI 或者网络上的其他玩家进行对战），同时玩法新颖，有别于市面上可见的一些消除类游戏，对玩家的策略和反应能力有一定的要求，而不是一味的速度。好的策略可以给敌方带来致命的打击，单纯的快速消去实际上对于敌人的打击是十分有限的。这样也就增加了我们游戏的可玩性，每一局对于玩家而言都是与众不同的，当玩家发生连消时，通过声音和动画将其表现出来，使玩家可以沉浸在其中。

2. 作品可行性分析和目标群体

（1）可行性分析

对于游戏而言，其商业模式清晰。我们游戏以免费为基础，后续的进一步开发中，可以考虑向游戏中添加广告，同时对内部道具及人物形象等进行内部收费的模式获得营利。

在游戏下方或者空白的地方添加广告。

付费用户可以在网络对战时，改变他们的蘑菇在游戏中的形象。

普通用户对于敌人的干扰气泡是随机摆放的，允许付费用户改变干扰气泡的摆放规则（不影响游戏平衡的前提下）。

考虑在游戏中添加一些形象，供用户选择，付费用户可以有更多的选择余地，可以在网络对战时展示给对方。

增加挑战环节，玩家可以通过游戏内的金币分数等获得挑战资格，拥有挑战资格的用户通过与其他用户进行挑战，根据成绩获得相应的奖励。

（2）目标群体

适用于游戏时间相对随意，每一局时间从 1 分钟到 5 分钟不等，各局之间互不影响，所以非常适合时间碎片化的年轻人。

3. 作品功能与原型设计

作品功能如图 1 所示。

图 1　总体功能结构

开始游戏模块

在游戏开始模块中，玩家可以从三种游戏模式中选择一种进行游戏。同时，玩家可以选择开关游戏音效，或者退出游戏。

过关模式

在过关模式中，玩家可以与 AI 竞技。过关模式中拥有 10 个不同等级的 AI 可供玩家选择。初始时，仅有第一关关卡打开，当战胜第一关 AI 后，第二关 AI 开启，以此类推。

练习模式

在练习模式中，玩家可以单人进行游戏，没有 AI 的干扰蘑菇。但是蘑菇下落的速度会随着分数的提升而增加，在该种模式下，玩家可以练习技术。

网络对战模式

在网络对战模式中，玩家可以通过。

原型设计

原型设计如图 2～图 5 所示。

图2　主界面

图3　关卡选择界面

图4　关卡过渡动画界面

图 5　游戏进行界面

4. 作品实现、难点及特色分析

（1）作品实现

作品实现如图 6 所示。

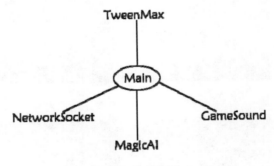

图 6　作品实现

①核心类。

Main 类，用于游戏中所有逻辑，包括界面切换，按钮响应，玩家控制等。

②AI 类。

MagicAI 类，用于实现单人对战模式中的 AI。

③声音类。

GameSound 类，用于控制游戏中的音乐和音效。

④第三方缓动类。

Tweenmax 类，用于处理游戏界面的过渡效果，以及一些缓动特效。

⑤网络处理类。

NetworkSocket 类，负责处理网络对战时的逻辑。

游戏后台服务我们以 CentOS 为基础，通过 Java 语言利用 Socket 实现客户端与服务端的实时通信，允许多用户同时进行游戏。

（2）特色分析

我们游戏的内容上的一大亮点就是对战（包括与 AI 或者网络上的其他玩家进行对战），同时玩法新颖，有别于市面上可见的一些消除类游戏，对玩家的策略和反应能力有一定的要求，而不是一味的速度，好的策略可以给敌方带来致命的打击，单纯的快速消去实际上对于敌人的打击是十分有限的。这样也就增加了我们游戏的可玩性，每一局对于玩家而言都是与众不同的，当玩家发生连消时，通过声音和动画将其表现出来，使玩家可以沉浸在其中。

（3）难点和解决方案

①效率问题。

该游戏采用 Adobe AIR 跨平台技术。跨平台技术可以有效提高开发效率，但带来的是性能的降低。与原生游戏或应用开发相比，跨平台技术需要更注重游戏的性能问题，不适当的编程或者使用素材将会极大的降低性能，因此对编程的挑战性更大。

采用高效的数据结构：在开发过程中，我们会尽量使用高效的数据结构来优化我们的效率。

采用位图缓存技术：游戏中的一些元素采用了矢量图来减少缩放过程中的失真，可以达到更好的视觉效果，但是矢量图运算十分复杂。所以对于一些静止或者只有平移运动的元素采用位图缓存的技术可以极大的提高效率。

减少不必要的运算：当游戏图形超出界面时，我们会立刻删除该图形，减少不必要的计算开销和内存开销。

缓存游戏中的元素：游戏会对一些资源进行缓存，这样在很大程度上提高游戏的流畅性。

经过我们团队的不懈努力与优化，游戏可以流畅运行在数年前的一些老手机上。

②移动平台适配问题。

考虑到移动平台的特点，以及安卓碎片化问题，我们对游戏的适配进行了特别的关注。我们自己在核心类中添加了自适应屏幕算法，使得我们的游戏可以很好的适配各种分辨率的机型，而不会发生屏幕留空，黑色背景等问题。

自适应屏幕：游戏会根据屏幕的尺寸调节相应的 UI 大小，可以匹配任意分辨率的屏幕。

转屏：考虑到有些机型尺寸较小，横屏进行游戏时会存在游戏区域小的问题。我们允许用户在游戏中转屏，只显示玩家区域的情况，这样有效解决了分辨率小的机型上的问题。

③户体验问题。

对于用户体验方面，考虑到移动平台的操作特点，主要是在一些细节上对游戏进行优化，使其操作更加友好。

软件界面鲜明、亮丽：游戏的 UI 和各类元素均由我们团队自行制作，界面鲜明、亮丽，给人以大方亲切的感觉。

人性化设置：玩家可以选择关闭或者播放，也可以随时暂停或退出游戏。

游戏自动存储：游戏会自动存储用户的状态到本地，方便玩家下一次游戏。

作品 10　ActivityDesigner

获得奖项　本科组一等奖
所在学校　同济大学
团队名称　情不知所起
团队成员　刘昊东　王　鑫　张　良
指导教师　范鸿飞
成员分工

　　刘昊东　系统设计、APP 端程序开发、数据库设计。
　　王　鑫　J2EE 端程序开发、数据库设计、测试维护。
　　张　良　APP 端/J2EE 端程序开发、数据库设计、测试维护。

1. 作品概述

选题背景

　　随着社会进步与时代的发展，我们的生活越来越丰富多彩，即使一件简单的活动也有很多种不同的选择，这种趋势在给我们带来方便的同时，也带来了一定程度上的不便，其一就是在活动的策划和组织方面。

　　想约小伙伴们去玩，或者几个同行好友有想共同记录有意义的事件或旅程的时候，常常需要活动的策划及后期的整理。当参与活动的人多起来的时候，一件活动的各个决议会变得非常困难，可谓众说纷纭，难以协调，再加上活动的参与者往往是远距离进行讨论决策，即使是通过 QQ、微信等的讨论组，大家你一言我一语，要耗费大量的时间才能做到让每个人都基本满意。同时，每次活动之后照片的收集、整理及分享则又是另外一个令人头疼的事情。

项目意义

由于当今社会举办的活动多样化，活动策划这个比较复杂、让人头疼的问题在项目中得到了很好的改善。

（1）此项目将活动的安排具体化、细节化，不会再出现活动流程负责人、参与者不了解的状况。

（2）将聚会的流程简洁化，相比于书面策划的不易更改，这个软件让各种消息都极易更新，而且搜集的信息更加全面。

（3）增加了大家的互动，"分享模式"可以拉近大家的距离，让大家对活动的印象更加深刻。

（4）对于"时间就是生命，效率就是金钱"的今天，本项目在提高活动的策划和组织的效率方面，有着非常重要的作用。

2. 作品可行性分析和目标群体

（1）可行性分析

该系统实际为 client-server 的设计架构，client 为每个客户手里的搭载安卓系统的手机。server 端为 apache+tomcat+mysql 设立的服务器。

当顾客想要组织或策划一个活动时，顾客通过手机里该软件提供的一些策划活动的模板，对活动的重要信息如时间、地点、参与人等进行相关的添加。最后在手机端创建一个活动。于是 client 向 server 端发送创建活动的 request。服务器根据 client 的相关信息，创建该活动的实例，对应的在数据库插入该活动的内容，并向该 client 端发送创建成功的 response。同时，根据参与活动人的信息，对应的向各个参与了该活动的 client 发送新活动的 response。当用户想上传照片时，client 向 server 发送照片的 byte 流。

当用户想查看活动照片时，client 向 server 发送请求照片的 request，server 返回一个照片 byte 流的 response。

系统的处理流程和数据流程如图 1 所示。

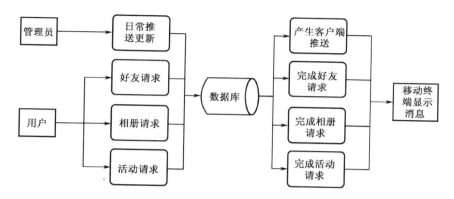

图 1 处理流程和数据流程

（2）目标群体

适用于纵向拓展应用，可扩宽推广至各年龄层（不限大学生）的人群。

3. 作品功能与原型设计

作品功能如图 2 所示。

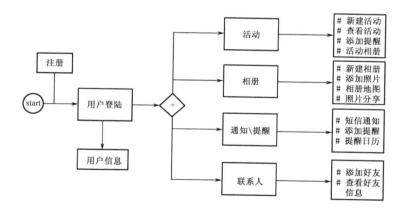

图 2 总体功能结构

用户注册模块

用户输入注册信息。

对信息进行验证。

数据库新增一条新的用户记录。

用户登录模块

用户输入账号与密码。

提交登录的请求。

创建活动模块

输入活动的关键字。

确认活动类型，并根据活动类型进行额外操作。

确认活动时间。

确认活动地点。

确认活动日期。

确认活动参与人。

确认活动备注。

向服务器发送请求。

数据库新增一条关于该用户的活动信息。

添加活动提醒模块

APP 提醒是否创建此活动的通知。

选择添加，进入日历选择页面。

选择通知的日期及具体时间。

提醒添加成功。

短信通知模块

APP 提醒是否将活动内容短信形式通知给参与者。

选择发送，进入信息通知模板页面。

选择信息通知相关模板。

信息发送成功。

查看活动模块

进入活动信息页面。

活动条目。

具体活动信息。

查看通知模块

进入通知页面。

通知条目。

具体活动通知信息。

查看活动提醒模块

登录 APP。

进入活动提醒页面。

当天有活动会以闹钟形式在日历页面显示。

活动提醒详情。

查看活动相册模块

进入相册页面。

查看相册条目。

选择相册条目可以看到里面的图片。

拍照上传模块

进入活动相册页面。

拍照或者直接从相册上传照片。

滤镜调整相片。

上传成功。

地图相册模块

进入地图页面。

查看地图上显示的活动相册的图片。

点击图片进入该活动相册页面。

查看联系人模块

进入联系人页面。
查看联系人条目。
具体联系人信息。

投票模块

登录 App。
活动待确认/通知页面。
对活动的时间、地点等进行投票表决。

聊天模块

活动待确认/通知页面。
通过聊天的方式。
确认活动细节。

修改个人信息模块

进入修改信息页面。
修改用户的签名、邮箱、电话等个人信息。
上传用户头像。
修改信息成功。

分享模块

进入某活动相册界面。
可将照片分享到社交平台上。

原型设计

原型设计如图 3~图 10 所示。

图 3　主界面

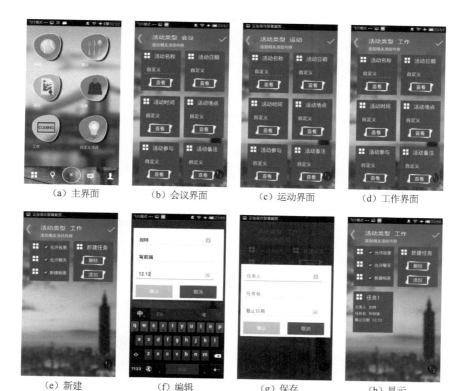

（a）主界面　　　　（b）会议界面　　　　（c）运动界面　　　　（d）工作界面

（e）新建　　　　（f）编辑　　　　（g）保存　　　　（h）显示

图4　活动界面

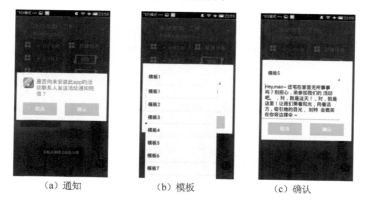

（a）通知　　　　（b）模板　　　　（c）确认

图5　短信自动模板界面

（a）添加　　　　　　　（b）时刻　　　　　　　（c）日期

（d）闹钟　　　　　　　　（e）提醒

图 6　添加提醒界面

（a）篮球赛　　　　　　　（b）公司例会　　　　　　　（c）同学聚会

图 7　查看活动界面

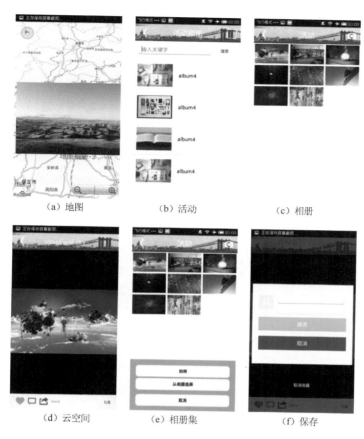

（a）地图　　　　　（b）活动　　　　　（c）相册

（d）云空间　　　　（e）相册集　　　　（f）保存

图 8　地图相册及活动相册界面

（a）上传　　　　　（b）编辑　　　　　（c）保存

图 9　图片上传、编辑、评论和分享界面

（d）社交平台　　　　　（e）分享图片　　　　　（f）分享成功

图 9　图片上传、编辑、评论和分享界面（续）

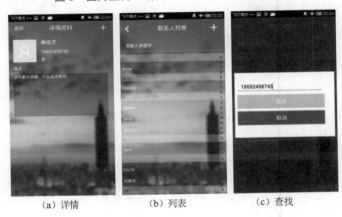

（a）详情　　　　　　（b）列表　　　　　　（c）查找

图 10　联系人界面

4. 作品实现、难点及特色分析

（1）作品实现

经过 4 个月的编程，我们最终完成了一个可运行的 APP-ActivityDesigner，实现了我们设计的基本功能。

（2）特色分析

①便捷发起，参加活动。

用户可以选择活动类型，然后根据类型快速邀请他人，发起活动。

②投票参与，轻松决策。

用户在收到活动邀请后，可以通过投票方式对活动进行决策。

③专属分享，记录体验。

用户参与的每个活动都有自己的活动相册，同时用户也可以在活动相册界面查看自己的足迹。

（3）难点和解决方案

①涉及的 Layout 众多，在界面设计方面花费了很多时间。

②数据结构杂而且多，因此在传输与解析时遇到了不少问题。

③在数据库和服务器搭建时因为环境配置问题浪费了时间。

作品 11　Capture Covers

获得奖项	本科组一等奖
所在学校	中国地质大学（武汉）
团队名称	Busy Bee
团队成员	蒋宇浩　李扬帆　蔡耀明
指导教师	余林琛

蒋宇浩　负责项目的统筹，Android 平台上的视频分帧和初步
　　　　筛选及后期的文档整理。

李扬帆　负责"关键帧的提取"，软件测试，以及报名的相关
　　　　事项。

蔡耀明　负责软件界面设计及项目开始的"视频查找"和结
　　　　尾的"封面添加"等功能。

1. 作品概述

选题背景

随着移动互联时代的到来，智能手机的流行已成为手机市场的一大趋势。智能手机的诞生，是掌上电脑（PocketPC）演变而来的，除了具备手机的通话功能外，还具备了 PDA 的大部分功能，结合 3G、4G 通信网络的支持，智能手机的发展趋势，势必将成为一个功能强大，集通话、短信、网络接入、影视娱乐为一体的综合性个人手持终端设备。对于大多数用户来说，智能手机已渐渐扮演起一个移动 PC 的角色。

该项目在智能手机盛行的今天，立足于当下广受欢迎的 Android 平台，旨在开发一款手机应用软件，在手机本地，通过将本地视频分帧，提取关键帧，再用用户选择的关键帧替换视频第一帧的方法，帮助广大手机上传用户直接在客户端快速，准确，并且自主地为自己拍摄的视频制作一个满意的封面。

该软件的上市，将帮助广大手机上传用户解决无法获取满意视频封面的烦

恼。用户可以在手机本地快速，准确并且自主的为自己的视频筛选并添加心仪的封面，做自己的视频的主人。同时，该软件也将受到各大视频网站的青睐，它的普及简化了网站的工作，节约了服务器资源，减轻了网站不少负担。

项目意义

1）现实意义

（1）帮助手机用户自主，快速地选择封面。

该软件一旦上市，将成为广大手机上传用户的福音。他们将不用再为无法获得满意的视频封面而发愁，也不用再为通过网站截图获取封面而花费时间和精力。他们可以通过该软件自主、快速地为自己的视频筛选封面。所有的操作都是在手机本地完成，不受客观条件限制，充分体现了自主性。通过关键帧提取算法直接筛选出关键帧供其选择，方便快捷，满足了现代人追求简单，直接的生活心态。

（2）减轻视频网站负担，简化其工作。

该软件一旦得到普及，各大视频网站也将受益匪浅。视频封面的筛选和添加工作将全部在手机本地就已完成，网站不用再去花费人力进行人工筛选，也不用花费更多精力对视频进行进一步加工，只需原封不动地调用用户上传的视频封面即可。这将在一定程度上减轻视频网站的负担，节约其处理器资源，简化其工作。

2）广阔前景

（1）实现基于图片的视频检索。

由于该项目将封面整合到了视频当中，起到一个视频标签的作用，经过相应改进后，我们可以将一个视频的一张或多张关键帧作为该视频的标签绑定到该视频中，作为其"相貌"，不管上传到哪，"相貌"如影随形。用户可以通过出自该视频的某一张具有代表性的图片进行检索，当图片与该视频的"相貌"吻合度较高时，就可找出该视频。

（2）进行海量视频数据的处理。

根据该项目中化整体为分散的思想，以及智能提取的思想，我们可以对海量重复度较高的数据进行高效的处理，将视频中阶段性的关键帧找出作为该阶段的代表，便于查找。例如，视频监控录像。监控录像的特点是时间长，数据大，重复度较高。如果我们想查找某一个画面（如某个男子提着一个黑色的电脑包经过),我们需要将近几天的监控录像全部调出来,然后一段段的查找筛选,这将是一件十分费力又无奈的工作。但是如果将该项目加以改进,我们可以将每天的监控录像智能提取若干张关键帧作为其代表,一旦需要查找,只需调出每天的关键帧,该天的情况便一目了然。这样将大大提高查找的效率。

2. 作品可行性分析和目标群体

1)可行性分析

（1）投资必要性

①投资环境。

智能手机的涉及范围已经布满全世界,因为智能手机具有优秀的操作系统、可自由安装各类软件、完全大屏的全触屏式操作感这三大特性,所以完全终结了前几年的键盘式手机。这类移动智能终端的出现改变了很多人的生活方式及对传统通信工具的需求,人们不再满足于手机的外观和基本功能的使用,而开始追求手机强大的操作系统给人们带来更多、更强、更具个性的社交化服务。智能手机也几乎成了这个时代不可或缺的代表配置。如今,越来越多的消费者已经将购机目标定位在智能手机上。与传统功能手机相比,智能手机以其便携、智能等的特点,使其在娱乐、商务、时讯及服务等应用功能上能更好的满足消费者对移动互联的体验。

Android 操作系统,中文名"安卓"或"安致",是谷歌独家推出的智能操作系统,2011 年初数据显示,仅正式上市两年的操作系统 Android 已经超越称霸十年的塞班操作系统,跃居全球第一。2012 年 11 月数据显示,安卓占据全球智能手机操作系统市场 76%的份额,中国市场占有率为 90%,彻底占领中国智能手机市场,也成为了全球最受欢迎的智能手机操作系统,因为谷歌推出安卓时采用开放源代码（开源）的形式,所以导致世界大量手机 生产商采用安卓系统生产智能手机,再加上安卓在性能和其他各个方面上也非常优秀,便让安卓一举成为全球第一大智能操作系统。世界所有手机生产商都可任意采用,并且世界上 80%以上的手机生产商都采用安卓。在最近的一次全球智能手机操作系统市场份额调查当中,排名第一的依然为巨头安卓,排名第二的依然为安卓的死敌 iOS,排名第三的为智能操作系统后起之秀将来会成为安卓和 iOS 的强大对手 Windows Phone,图册列出英国、德国、法国、意大利、西班牙、澳大利亚、美国七大国家的智能手机操作系统市场份额状况如图 1 所示。

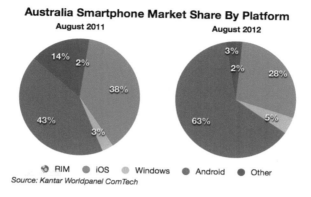

图1 操作系统市场份额状况

视频封面其实就是网站视频的一个缩略图。视频封面在一定程度上展示了整个视频的内容，因此清晰、有代表性的视频封面就犹如图片一样，在视频播放前先吸引了顾客的眼球，更容易引导顾客观看视频内容。然而许多视频网站均使用视频第一帧或系统随机截图供用户作为视频封面，随机的特性使截图难以命中视频精彩时间点。后来部分网站推出了自定义视频封面的功能，让用户在网站上播放视频获取截图作为封面，但是该过程不仅费时费力，还只是该网站上的"一次性"操作，依然无法满足用户的需求。这个短板一直在困扰广大视频上传用户。

②市场分析。

本应用针对上述需求和短板，旨在开发一款手机应用软件，在手机本地，通过将本地视频分帧，提取关键帧，再用用户选择的关键帧替换视频第一帧的方法，帮助广大手机上传用户直接在客户端快速、准确、并且永久性地为自己拍摄的视频制作一个满意的封面。首次采用在手机获取封面，智能提取封面，封面与视频整合等方法，想法新颖，功能实用，还有广阔的拓展应用前景。而且目前还没有类似的手机应用，所以该软件应该会有不错的市场前景。

（2）技术可行性

①视频分帧。

视频分帧过程中主要用到 Android.media 包中的两个类：MediaMetadata Retriever 和 ThumbnailUtils。技术比较成熟，可以实现所需功能。

我们已搭建 Android 开发平台，为相关类的使用提供了环境。同时小组有成员熟悉这两个类的使用，可以进行相关开发。

②关键帧提取。

最大的问题就是 Android 手机处理能力及内存有限，PC 上很多应用成熟的关键帧提取技术在 Android 手机上运算太慢，为此我们为提高运算效率选择算法时特意挑选了一个运算相对较小的算法，其次把分得的图片进行压缩处理，这样大大提高了程序运行速度。速度提高了导致准确度偏低，为解决这个问题，我们提取时每次提取 3 张供用户选择一张作为关键帧，并且当提取 3 张中都没有用户满意的关键帧时，可以点击下一批，在另外 3 张中选取一张关键帧。这样就解决了准确度的问题。

③封面加载。

封面加载时，要达到一次加载长期生效的效果，一个较理想的做法就是让用户已选好的封面图片与视频紧密的结合为一个整体，这样视频文件复制或移动时封面也可以随视频复制和移动。经过团队讨论，决定将生成的封面作为视频的第一帧图片合并到原视频文件中，这样将不可避免的涉及到对视频整体的操作，处理不好会造成视频文件损坏而无法播放。

将一帧图片整合到一个视频文件中可以有以下两个方案。

方案一：将原视频转换为一帧帧的有序图片，再将添加了封面图片的图片序列集转换为视频。

方案二：将封面图片转换为单帧视频，再与原视频文件拼接整合为新视频。

显然上述两种方案都有很好的可行性。

对于方案一，存在效率严重低下的问题。

将视频转换为帧图片集再重新编码转换回视频不仅会消耗大量 CPU 资源，而且效率会随着原视频文件的大小增大和视频质量的上升而变得难以忍受。按照 25fps 的视频帧率（Frames per Second）计算，1 分钟的视频总帧数为 1500 帧，图片压缩后（以 png 图片为例），假设图片平均大小为 120KB，则需要 180M 的存储空间，如果视频更长，系统资源将无法承受这巨大压力。

对于方案二，主要的时间开销是单帧封面图片转换为视频和两个视频的拼接上。转单帧图片为视频显然比转几百张帧效率高，这样就把问题转化为对两个视频的拼接上，工作量较小，只需要对第一个视频的文件尾和第二个视频的文件头进行适当的修改和剪切就可以实现合并。效率也相对较高，最关键是资源消耗少。

经过以上两个方案的对比可以发现方案二的可行性更胜一筹。

（3）组织可行性

①整体分工。

本项目共三名成员，分别主要负责 3 个功能模块。

◆ 视频分帧。

◆ 关键帧提取。

◆ 视频获取和封面添加。

②进度安排。

第一阶段：查阅资料，了解项目相关情况，确定工作方向，学习基础知识。

第二阶段：

◆ 初步实现手机视频分帧。

◆ 界面框架，实现点击为已有视频添加封面的功能。

◆ 找出合适的关键帧提取算法。

第三阶段：

◆ 提高算法效率，对分得的图片初步筛选。

◆ 实现点击添加新视频拍摄新视频的功能。

◆ 将算法移植到 Android 平台上。

第四阶段：将各个模块组合到一起，在 Android 平台上运行。

第五阶段：测试性能，优化程序，美化界面。

第六阶段：整理文档，撰写报告。

③组织管理。

项目开发设有专门的实验室，小组成员可以一块讨论，通力合作，契合进度，保持着良好的协作关系。

◆ 项目有明确的分工。

◆ 项目有合理的进度安排。

◆ 项目有良好的总结机制，每周定时向带队老师汇报情况，与老师讨论难以解决的问题及接下来的工作方向，保证项目进行的有条不紊。

（4）风险因素及对策

风险 1：手机毕竟不是电脑，处理性能有限，程序运行时间过长会影响用户体验。

对策 1：限定每个视频提取的帧数，在效果和效率之间取得一个平衡。

风险 2：手机内存有限，取出的图像较大，处理过程中有时会导致程序崩溃。

对策 2：将分出的图像压缩处理，减少对手机内存的占用。

风险 3：关键帧提取毕竟是算法在提取，不带主观情感，得到的关键帧不一定能让用户满意。

对策 3：提供"更换"选项，当用户对给出的 3 张关键帧不满意时，可以换一批供其筛选。

2）目标群体

（1）广大 Android 智能手机使用用户，尤其是那些时常用手机上传本地视频到各种网站的手机用户，如广大拍客。

（2）有视频上传功能的各大网站，如"优酷"、"新浪微博"、"拍客"等。

（3）各大搜索引擎公司，如 Google、百度。

（4）有监控录像需求的单位，如学校、银行、超市等。

3．作品功能与原型设计

作品功能

作品功能如图 2 所示。

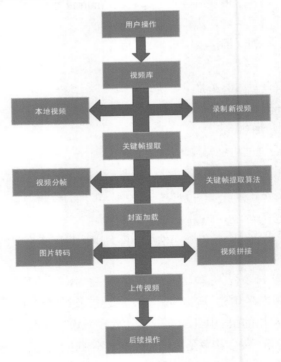

图 2　系统功能模块结构

关键帧提取模块

视频分帧：想要从视频中提取出关键帧，首先得将所选视频进行分帧处理。该模块采用 getFrameAtTime 方法取得指定 time 位置的 Bitmap，以实现视频帧图提取。考虑到手机性能有限并且为了提高后面关键帧提取算法效率，我们对视频提取的帧图数量进行了相应限制，同时将取出的图片进行压缩处理，这样将解决手机内存不足的问题，并且大大加快关键帧提取算法的运算。

关键帧提取算法：使用 getpixes 函数把 bitmap 图像转换为像素值的一维数组，然后对相邻一维数组比较，可以得到一位数组的相似度的值，该值即为相邻图像的相似度，最后我们对相似度进行排序处理，选取相似度最低的 3 帧作为关键帧供用户选择，并且当 3 张关键帧都没有满意的时可以选取下一批，即取除去相似度最低 3 帧剩下图片中相似度最低的另外 3 帧。弥补了在处理某些视频时准确度不够高的问题。

封面加载模块

当用户选择好了封面图片时，就面临如何将图片加载为封面的问题。该模块包括封面与视频的整合及显示封面两个部分，整合的过程涉及到如何把图片与视频有机的结合为一个整体，以保证封面不随视频的物理位置移动而失效，所以将封面打包与视频融合，达到随用随取，这样只要显示封面时保证取封面的方法一致就可以成功取出用户选择的封面，再用适当的方法把封面再现出来即可。

分帧模块

（1）知识储备

MediaMetadataRetriever：

包：Android.media.MediaMetadataRetriever

API 说明：MediaMetadataRetriever class provides a unified interface for retrieving frame and meta data from an input media file（MediaMetadataRetriever 类提供了一个统一的接口用于从一个输入媒体文件中取得帧和元数据。）

retriever.extractMetadata：取得视频的长度(单位为秒)

retriever.getFrameAtTime：（j*1000*1000）

通过 getFrameAtTime 方法取得指定 time 位置的 Bitmap，即可以实现抓图（包括缩略图）功能，getFrameAtTime()方法第一个参数的单位是微秒 (us)

ThumbnailUtils：

包：android.media.ThumbnailUtils

API 说明：Thumbnail generation routines for media provider。

媒体缩略图生成案例的提供者

从 Android 2.2 开始系统新增了一个缩略图 ThumbnailUtils 类，位于 framework 包下的 android.media.ThumbnailUtils 位置，可以帮助我们从 mediaprovider 中获取系统中的视频或图片文件的缩略图，该类提供了三种静态方法可以直接调用获取。

extractThumbnail (source, width, height)：

/*创建一个指定大小的缩略图*/

extractThumbnail(source, width, height, options)：

/*创建一个指定大小居中的缩略图*/

createVideoThumbnail(filePath, kind)：

/*创建一张视频的缩略图，如果视频已损坏或者格式不支持可能返回 null*/

（2）流程图

流程图如图 3 所示。

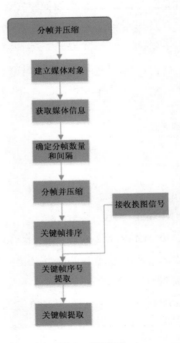

图3　流程图

（3）具体实现

①建立媒体对象。

创建 MediaMetadataRetriever 的对象 retriever，并与 videoPath 相关联。

②获取媒体信息。

获取 videoPath 所指视频的长度，并换算成秒 seconds。

③确定分帧数量和间隔。

分帧默认时间间隔为 1s，对于时长小于 60s 的视频，每秒取一帧。对于时长大于 60s 的视频，等时间间隔地取 60 帧。

④分帧并压缩。

根据分帧数量和间隔，取出指定时刻的帧图，以 bitmap 格式保存，并对取出的帧进行压缩。

⑤关键帧排序、关键帧序号提取。

将压缩后的帧图组根据相邻帧差排序，得到帧差最大的帧图序号，即关键帧序号。

⑥关键帧提取。

根据得到的关键帧序号取出关键帧原图。

提取关键帧模块

选取关键帧比较经典的方法是帧平均方法和直方图平均法，帧平均法是从镜头中取所有帧在某个位置上的像素值的平均值，然后将镜头中该点位置的像素值最接近平均值的帧作为代表帧。直方图平均法是将镜头中所有帧的统计直方图取平均，然后选择与该直方图最接近的帧作为关键帧，这些方法计算比较简单，因此无法描述有多个物体运动的镜头，一般来说，从镜头中选取固定数目的关键帧的方法对于变化少的镜头来说选取的关键帧过多，而对于运动较多的镜头又不能充分描述，因而不是一种良好的方法。另一种是光流量分析算法，通过计算镜头中帧的每个像素光流量分量的模之和作为这一帧的运动量，在运动量取局部最小值选取关键帧，这种基于运动的方法可以根据镜头的结构选择相应数目的关键帧，能取得更好的效果，然而该方法在分析运动时所需的计算量较大，在 Android 手机上实现没有可行性，而且局部最小值也不一定准确。

同一个镜头中的视频内容不会发生很大变化，所以有非常多的冗余信息。在实际应用中，用户浏览一个镜头中所有帧非常耗时，关键帧能够反映出一个镜头的主要内容，因此可以使用。

用镜头发生较大变化的一张代表整个镜头，即关键帧。

如图 4 所示，本应用的关键帧提取算法采取了基于镜头内容的变化程度的关键帧提取算法，当两个镜头发生转化时，视频内容就会发生较大的变化，基于镜头内容的变化程度的关键帧提取算法的基本思路就是检测出视频图像中内容不连贯、发生较大变化的地方。可以用视频内容的特征差异（帧间相似度）来表示这种不连贯。因此，镜头内容的变化程度的比较基本方法就是计算视频的相邻帧的相似度，两帧之间相似度较低时即可说明发生了镜头较大的变换。

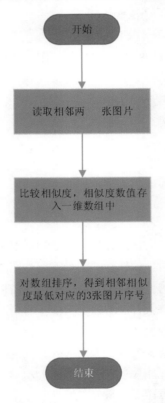

图 4　基于镜头内容的变化程度的关键帧提取算法

同一个镜头中的视频内容不会发生很大变化，所以有非常多的冗余信息。在实际应用中，用户浏览一个镜头中所有帧非常耗时，关键帧能够反映出一个镜头的主要内容，因此可以使用。

用镜头发生较大变化的一张代表整个镜头，即关键帧。

比较镜头变化程度的方法主要有以下几种。

（1）像素比较法。通过相邻视频帧对应像素的亮度差或色度差来判定（本应用中采用此种方法）。

（2）直方图比较法。通过相邻视频帧的直方图差值判定。

（3）块匹配法。将每帧视频图像分为 n×n 个图像块，然后将相邻图像帧对应的图像块进行比较，统计差值超出设定阈值的图像块的数目，如果数目超过阈值，可以认为镜头在此处发生了突变。

（4）基于边缘的方法。通过相邻视频图像帧边界的变化程度来确定。

在计算帧间相似度时，先在 PC 上测试了几种方法发现准确度差别不大，像素比较法速度相对较快，考虑到最终在 Android 上实现，用户对速度要求比较高，最终选取了这种算法，如图 5 所示。并且为了弥补准确度的不足，我们提取了 3 张关键帧供用户选择，在准确度上基本上满足了用户的需求。计算相邻帧的相似度流程如图 6 所示。

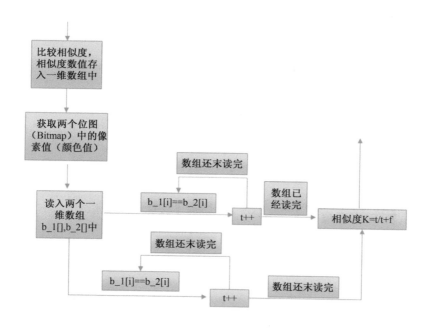

图 5　计算相邻帧的相似度算法

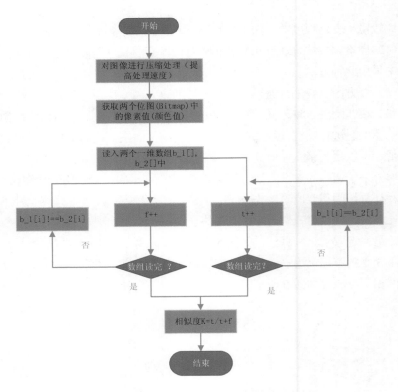

图6　计算相邻帧的相似度流程

封面加载模块

　　封面加载模块主要对视频文件进行操作，涉及到视频的编解码等操作，故调用优秀的第三方开源库FFmpeg来实现。封面加载模块的结构如图2所示。

　　封面转换视频：图片转为视频文件将经过以下步骤，如图7所示。

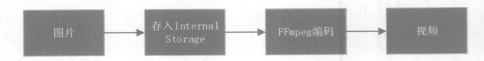

图7　封面转换视频流程

　　将 选 好 的 封 面 图 片 保 存 入 手 机 Internal Storage，保存目录为 "/data/data/com.example.getcover/files/img00.png"，调用 FFmpeg 的命令 "/data/data/com.example.getcover/files/ffmpeg　–i　/mnt/sdcard/images/img00.png **-vcodec libx264 -r 25 -s 640x480　test.mp4"**

后文件名为 test.mp4 的单帧视频即生成并保存到 Internal Storage。

视频转 TS 流：转码过程如图 8 所示。

图 8　视频转 TS 流转码过程

由于视频文件中包含视频流和音频流，需要分别对两部分进行转码，使用 FFmpeg 的"vcodec"和"acodec"命令即可实现，命令如下：

"ffmpeg -i video1.mp4 -vcodec copy -acodec copy -vbsf h264_mp4toannexb videoTs1.ts"，video1.mp4 为输入文件 videoTs1.ts 为输出的 TS 文件。

合并视频

用 FFmpeg 得到两个视频的 TS 文件（videoTs1.ts 和 videoTs2.ts）后使用 FFmpeg 的"concat"命令"ffmpeg –i "concat:videoTs1.ts|videoTs2.ts" -acodec copy -vcodec copy -absf aac_adtstoasc output.mp4"合并两个视频，输出的 output.mp4 就是合并后的视频，如图 9 所示。其中 video1.mp4 作为新视频的前一部分，video2.mp4 作为新视频的后一部分。

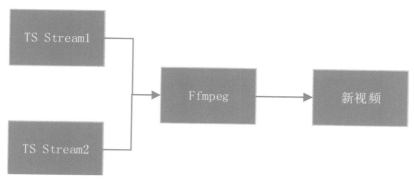

图 9　视频合并流程

原型设计

原型设计如图 10～图 12 所示。

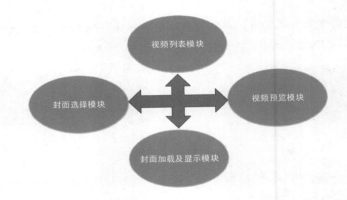

图 10　界面布局

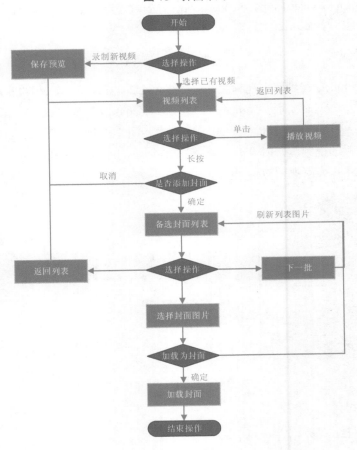

图 11　界面框架结构

| （a）主界面 | （b）菜单 | （c）软件说明 | （d）视频录制 |

| （e）视频列表 | （f）选择视频 | （g）选定封面 | （f）合并保存 |

图 12　截图展示

（1）视频列表模块

获取视频列表包括从媒体库中获取视频文件信息及显示列表信息。Android系统在 SD 卡插入后，MediaScanner 服务会在后台自动扫描 SD 上的文件资源，将 SD 上的多媒体文件信息加入到 MediaStore 数据库中。这时就可以使用ContentResolver 类的 query 方法查询媒体库中的视频信息，通过视频数据库的索引号可以访问到视频的文件名、大小及路径等基本信息。再采用 Android 提供的 ListView 控件展示。

（2）视频预览模块

视频的预览功能是直接调用 Android 自带的视频播放器控件 VideoView 实现的。当用户选择视频并单击后随即将该视频的保存目录传递到播放器中，调用 VideoView 的相应 API，同时用 MediaController 来控制视频的播放和暂停等操作。

（3）封面选择模块

用户选定好视频决定为其添加封面，接下来就是将采用提取关键帧算法提取出的关键帧陈列给用户预览和选择。备选封面图片如果过多则没有提取关键帧的必要，而且显示的图片会有较高的相似度，但是考虑到用户的主观因素可能导致其对算法提取的备选图片不满意，于是才用了折中的方法，即备选图片分组显示，每一组显示提取出的最优的三帧图片，如果用户还不满意可以点击"下一组"按钮进行刷新，这样一来既可满足用户需求又可弥补算法的不足。

（4）封面加载及显示模块

加载封面过程在后台完成，用户需要等待一定的时间（等待时间的长短取决于视频的质量、大小及硬件配置），处理的过程以进度条的形式提示用户等待。待后台加载完毕后立即显示封面，点击封面时播放视频。

4. 作品实现、难点及特色分析

（1）作品实现

通过调用 MediaMetadataRetriever 类中的方法 getFrameAtTime 取得指定 time 位置的 Bitmap，即可以实现抓图，从而对相应视频可以按照任意时刻取出帧图。对于取出的图，通过调用 ThumbnailUtils 类中的方法 extractThumbnail 进行适当压缩，以便节约内存同时简化后面选取关键帧算法的处理。选取关键帧比较经典的方法是帧平均方法和直方图平均法，帧平均法是从镜头中取所有帧在某个位置上的像素值的平均值，然后将镜头中该点位置的像素值最接近平均值的帧作为代表帧。直方图平均法是将镜头中所有帧的统计直方图取平均，然后选择与该直方图最接近的帧作为关键帧。封面加载模块主要调用优秀的第三方开源库 FFmpeg 来实现，通过调用 FFmpeg 的命令将选好的封面图片**生成并保存为单帧视频**，再调用 FFmpeg 的 "vcodec" 和 "acodec" 命令将封面视频和需添加封面的视频分别进行转码，得到两个视频的 TS 文件，然后使用 FFmpeg 的 "concat" 命令合并两个视频，即将最终选取的关键帧合并到原视频一起作为其第一帧。项目功能得以实现。

（2）特色分析

①化整为散。

该软件一改以往由视频网站提取封面的做法，将视频封面提取的工作由视频网站转移到手机这一客户端，体现了化整体为分散的思想，减轻了网站的负担，充分利用了资源，大大提高了效率。

②智能提取，方便快捷。

该软件选取关键帧时采用了算法提取，用户只需从提取的关键帧中选取封面，即可制作视频封面。这样避免了人工筛选的费时费力，智能提取，方便快捷。

③封面作为标签绑定视频。

该软件首次采用将封面整合到视频本身的方法，封面如同视频的标签一般与视频绑定到一起，跟随视频一起移动。这样，避免了在不同的网站多次设置封面，一次设定，各站可用。

（3）难点和解决方案

①提取的图片无法储存到 SD 卡中。

解决：加入对 SD 卡的读/写权限。

②分帧效率太低，所花时间太长。

解决：去掉图片在 SD 卡上的读/写过程，直接在手机内存中把取出的图片一起传递给下一段程序处理。

③在内存中操作时常会因为图片过多或过大导致内存溢出，系统崩溃。

解决：①限制提取的帧的数量，根据视频长度最多提取 60 帧。②对提取的每一帧进行压缩处理（虽然会增加运行时间，但是可以大大减少所需内存并且大大缩减下一步关键帧提取算法所需的时间）。

④由于初次接触 Android 编程，在配置环境时花费了不少时间，通过在网上查阅相关博客及相关书籍，很好的解决了这个问题。

⑤在提取关键帧算法选取时，首先尝试用 opencv 对图像进行处理提取图像的各个特征，然后用直方图平均法得到关键帧，即比较与所有帧累加平均帧最相似的一张作为关键帧，但是对运动量比较大的视频，关键帧的准确度较差，并且耗时较长，所以采取了另一种方法。

⑥采取基于镜头内容变化程度的关键帧提取算法虽然在获取关键帧准确

度方面有了较大提高，但是 Android 手机处理能力实在有限，直接对图像处理耗时仍然很大，查阅相关资料后发现可以对图像进行压缩后处理，这样处理速度有了很大提高，并且准确度也基本能够满足用户需求。

⑦工具选择。

封面图片与视频的有机整合方案确定为将图片以视频的方式与原视频拼接。拼接的工具选择上比较棘手，以下是可以实现合并功能的几个第三方开源库：FFmpeg、OpenCV、ISOParser，这三个各有优缺点，其中 ISOParser 最简单小巧，OpenCV 最专业但庞大而不易上手，于是最初选择了 ISOParser 来实现视频的拼接，其中的 MP4Parser 可以较好的对 MP4 文件解析，拼接视频效率极高。

接下来面对的问题是用什么将图片转为视频。查阅了大量资料后决定使用 FFmpeg，然而不幸的是 FFmpeg 在 Android 平台上并没有现成的开源库可供调用，如何把 FFmpeg 移植到 Android 上？如果移植到 Android 上了是否会影响它的性能？这些问题都不得而知。最开始采用的是 Java 的 JNI 技术把 FFmpeg 编译成共享库（.SO 库），在编写配置文件（Android.mk 和 config.sh）时发现工作量很大，需要 NDK、shell 的相关知识，以及对 FFmpeg 编解码库很熟悉才能完成，这将会严重滞后项目进度，于是考虑其他更便捷的方法。

终于，在查阅的过程中兴奋的发现在 Android 上可以通过命令的方式调用可执行二进制，这样思路就有了：调用 FFmpeg 的二进制可执行文件。事实证明这条路是完全行得通的。

⑧拼接后的视频无法播放。

原始方案是 FFmpeg 转码 ISOParser 拼接，两个工具单独使用时都工作的非常好，图片可以转视频也能播放，同一格式的两个视频同样可以拼接和播放。但是两个工具配合使用时就出现问题了：合并后的视频无法播放！查阅资料和测试后发现是两个视频的编码细节不一样造成的，这可能涉及到工具的设计细节等，那么要完全匹配两个视频的编码细节就是一个很大的挑战。

那么只能在效率上妥协一下统一采用 FFmpeg 实现这条路了。因为 FFmpeg 可以拼接许多主流格式的视频，所以推断也能对 MP4 进行拼接，然而事实证明这是非常错误的。不能直接拼接那就只能采用间接拼接，即以一种 普适格式作为桥梁文件，先把 MP4 转为该桥梁文件拼接后再转回原格式。而较理想的桥梁文件是 TS 文件。这样一来问题就得到了较好的解决，虽然是在效率上做出了让步，但结果是在可接受的范围的。

作品 12　iCampus

获得奖项　本科组二等奖
所在学校　北京信息科技大学
团队名称　ifLab
团队成员　马　奎　李轶男　黄　伟
指导教师　曾　铮
成员分工

　　马　奎　负责产品设计、UI 设计。
　　李轶男　负责 Android 开发。
　　黄　伟　负责后台服务器、数据库。

1.　作品概述

选题背景

网络已经普遍的为大学生所接受，校规限制学生带电脑的学校也正逐年减少，电脑在校内的应用也开始不仅限于网上选课。在如今大学生甚至高中生可以联手组队开发应用的今天，他们同一所学校内可能仍有贫困学生因为要保住助学金，而不能拥有自己的电脑，这实际上正在扩大校园内的知识鸿沟，并将影响学生们的未来人生。

由于手机更容易成为抹平贫富差距的上网终端，让贫困学生也可以拥有使用和应用网络社区的权利，加上一些学生宿舍固定宽带速度慢、限制多，电信运营商又对学生入网有优惠，综合来看，移动端对学生的作用远大于 PC 端。一些校内团队在时间和资金不够的情况下，就选择优先开发纯客户端，放弃 Web 版。

项目意义

移动校园与传统的数字化校园的关系密不可分。移动校园的建设是以传统的数字化校园为基础，尤其是作为基础的三大平台（门户、统一身份认证、数据集成）部分。传统的数字化校园是以 PC 为主，PC 具有大屏幕、高性能等特点，可将其看做是"内容制造者"，而移动平台则可看做是"内容消费者"。没有传统的数字化校园，也就没法建设成熟的移动校园；没有传统的数字化校园，也就没法体现移动校园的便捷性。因此，移动校园与传统的数字化校园是互相补充、互相促进的关系，双方可以结合各自特点，发挥各自所长，打造 24 小时"PC+手机"的无缝服务模式。

另一方面，移动校园也不是传统的数字化校园的简单移植，或是直接在其终端的一个扩展。移动校园的建设应该是结合移动终端本身的应用特点（屏幕小、便携、可定位、实时性、准确性等），再结合高校业务的需求两者融合，从而形成全新的平台和应用。移动校园是校园生活的移动助手。

2. 作品可行性分析和目标群体

（1）可行性分析

iCampus 是面向国内院校的开源校园移动应用。移动互联网是互联网的重要发展趋势，也是教育信息化的下一个重要方向。目前大多数国内院校仍没有技术实力和资金预算实现校园移动应用，商业解决方案价格昂贵，单个功能模块的费用就需 5～10 万。iCampus 的目标是设计和实现一整套商业水准的开源校园移动应用，只需要进行简单的定制和配置即可以应用在各个院校。

（2）目标群体

适用于国内院校的老师和学生。

3. 作品功能与原型设计

作品功能如图 1 所示。

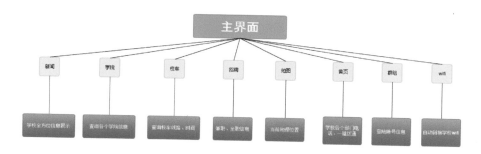

图1 总体功能结构

用户登录模块

学校学生、老师使用校内统一认证账号登录。

新闻模块

这里面包括学校新闻、人才培养、教学科研、文化活动、媒体关注、校园人物的分类。学校新闻展示了校园的一系列重要信息；人才培养展示了我校学生取得的成果、获奖情况；教学科研展示了我校的科研成果；文化活动展示了我校师生丰富多彩的校园活动；媒体关注展示了各大新闻报社对我校学生、教授、学校状况的报道；校园人物以优秀代表学生为主题进行专访，分享他们的经验。

地图模块

通过调用公共地图服务，可以查看各个校区的地理位置、当前交通拥堵情况。

学院

各个学院的介绍、详细信息。

WiFi

输入用户名及密码登录学校 WiFi。一次登录后可以保存账号信息，之后自动登录。

黄页

宿舍东西坏了怎么联系后勤维修部门？实现黄页模块，老师、同学们可以直接在手机上搜索和拨打我校各个业务部门的办公电话。

校车

应该什么时候出发才能赶上班车？由于我校有多个校区，早中晚有较多教学班车和通勤班车。实现校车模块，老师、同学们只需使用手机即可了解我校所有班车时刻表。

招聘

我有个工作机会想告诉大家，招聘模块可以让老师、同学们自主发布和查询兼职、实习和工作信息。

二手

不用再摆地摊卖书了，从人类懂得物物交换开始，交易就已经存在了。二手模块给师生提供了一个方便快捷、可靠的物品交易平台。

课程

实时查看最新课程表，避免因为教学计划改动影响上课。

空闲教室

实时查看最新的教室上课情况，选择没课的教室自习。

成绩查询

随时随地查看过去所有的考试成绩。

群组

查询同班级或者同社团的同学通讯录。个人可以在个人中心录入电话、QQ、邮箱等，录入后即可以被本群组同学看到。

原型设计

原型设计如图2～图8所示。

图2　主界面

（a）路线规划　　（b）选择菜单

图4　校车界面

图3　学院界面

图5　地图界面

（a）黄页　　　（b）科技处　　　　（c）编辑保存

图6　黄页界面

（a）新闻列表　　　　（b）新闻内容

图 7　招聘界面　　　　　　　　图 8　新闻界面

4. 作品实现、难点及特色分析

（1）作品实现

iCampus 针对国内高校的需求进行产品设计。通过分析国内外主流校园移动应用产品并对本校师生需求进行调研，我们定义了产品功能。目前的模块包括新闻、地图、黄页、校车、招聘、二手、课程、空闲教室、成绩查询等。

校园移动应用并不可能是一个孤立的应用，它必须和院校内原有的数据和应用作对接。因此 iCampus 通过 oAuth2 认证模块和院校统一认证系统对接，用户需通过校园账号才可以登录，进行个人数据访问及校园社交。对于原有的业务系统，如教务和一卡通，我们开发了专门的 API 来对接读取这些系统的数据。

（2）特色分析

接入校园统一认证：获得每个用户的真实身份，同时又可以使用昵称，实现保护隐私的实名社交。

黄页模块：很方便的查找学校各个部门电话，点击之后自动跳转到拨打电话页面，一键打电话。

校车模块：校车线路、时间表一触便知，不用再登录学校网站进行复杂度查找。

招聘模块：在校大学生大多有寻找兼职的需求，也包括大四学生寻找实习机会，我们提供的信息真实可靠，全部经过验证，并且发布人为真实姓名，方便联系。

（3）难点和解决方案

①Oauth 认证。

我们学习了 Oauth 登录流程，搭建了 Oauth 服务器连接原有校内统一认证系统。经过多次调试实现 Oauth。

②新闻模块中的图片优化处理。

由于图片大小约 200KB，很容易造成内存溢出，于是想了各种解决 OOM 的方法，如使用内存缓存、SD 缓存、图片压缩，减少手机内存使用，不让程序崩溃。

作品 13 小圆-校园自习助手

获得奖项	本科组二等奖
所在学校	武汉大学
团队名称	唐小鸭
团队成员	荣 康 程宵宵 曾 军
指导教师	涂卫平
成员分工	

荣　康　负责总体筹划和服务器端程序的代码。

程宵宵　负责 Android 客户端的界面设计。

曾　军　负责系统设计和 Android 客户端的功能实现。

1. 作品概述

选题背景

随着移动互联网的迅速发展，越来越多的人选择移动设备来处理日常事务和交友，作为对新鲜事物有更快接收能力的大学生更是如此。我们知道，在大学生活中，伴随同学们更多的不是课堂的学习，而是自主的学习，所以在一个学校，自主学习资源总是显得异常紧张，比如说我们时常看到没到期末考试，学校图书馆就一位难求，即使是平时，也是人满为患；由于许多高校学校面积大，范围广，即使入校一两年的同学也未必对学校有详尽的了解，所以对学校的学习资源不尽了解。

大学是一个开放的平台，同时也是一个狭小的空间。很多同学为了能交到兴趣相投的朋友选择加入各种社团，去认识一些人，但真正加入到社团的人还是占少数，更多的同学或许是有结交校友的愿望，但少有认识的渠道，即使如现在的主流交流软件，如 QQ、微信、人人也并没能很好的解决同校间同学们的交友问题。基于以上两点的思考，我们做了这款"小圆"APP，来帮助同学们更好的学习和交友。

项目意义

第一，我们的 APP 通过提取学校实时的教务任务，实现了帮助学生找到空余的自习室的同时提供各个学校自习室一览，帮助同学们发掘出图书馆一类的学校通用学习资源外的其他可用资源，同时我们提供可靠的自习攻略，帮助同学们更合理的自习，同时我们提供邀请同学共同自习功能，让和你有相同学习兴趣的同学陪你一起自习，让学习之路不再孤独，并提供导航功能来帮助刚入学的同学更好的了解学校。

第二，我们提供绑定学生的个人课程表功能，通过绑定个人课程表并提供推送服务可以能更有利于同学的学习。

第三，实现同校间的交友和校园新鲜事的发布，很多时候，我们更渴望去认识别人，特别是同校的同学更让我们有亲切之感，所以我们提供了同校的交友功能，同时我们提供校园新鲜事的发布平台，让同学们能更好的得到学校新鲜事的第一手资料。

第四，提供在线的学习资源，在课堂上学习的内容毕竟是有限的，为了能更好的学习，我们根据用户的课程推荐线上的学习资源，通过提供这些资源来帮助同学们更好的学习。

2. 作品可行性分析和目标群体

（1）可行性分析

技术可行性：本 APP 用到一般的 IM 和导航功能，目前市场有非常成熟的 IM 和导航技术，所以在技术上是可行的。

市场需求：目前的市场上虽然有各种交友软件和导航软件，但是针对大学生同校交友软件还是没有的，像人人这样的软件也是很大程度上基于熟人的社交，所以没有真正的做到同校交友，虽然市面上的导航 APP 和地图类的 APP 做的很精确，但并没有对各个高校进行专门的优化，所以我们的导航功能对寻找学校的位置有一定的优势，对不熟悉校园的同学可以起到一定的帮助。

经济可行性：我们的 APP 开发已近完成，目前只需要在第三方服务器上运行，只需要交少量的服务器运行费即可，所以经济上是可行的。

用户群和效益分析：我们的用户群设定为全国在校的大学生，据不完全统计，全国在校大学生超过 2500 万人，所以我们的用户群很庞大。前期效益以流量为主，通过吸引更多的大学生来用我们的应用来赚取流量，等有一定的用户数后可以考虑广告投放和做线上收费课程、培训课程。

（2）目标群体

适用于在校大学生和想要享受学校资源的社会人士，以本科生为主体。

3. 作品功能与原型设计

作品功能如图 1 所示。

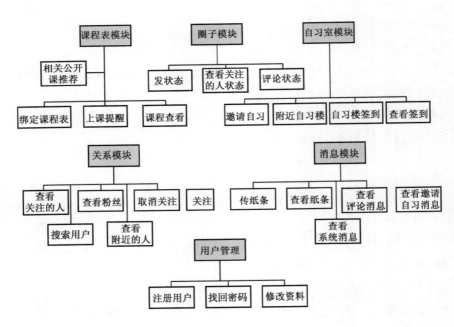

图 1　总体功能结构

自习室模块

如图 2 所示，自习室模块提供给用户附近的自习室。用户可以在地图上看到附近的自习楼，点击代表自习楼的点，就可以查看现在空闲的教室或者选择日期查看教室使用情况。如果想和同伴一起来自习，就可以邀请同伴在某个教室自习。同时可以查看在该自习楼签到的用户，查看签到人的资料，进行关注、发纸条操作。也可以在该自习楼签到，表示自己来到了这个自习楼自习，其他人可以关注自己。

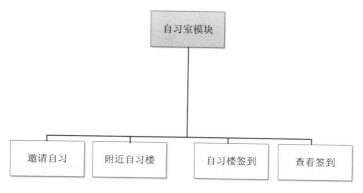

图 2 自习室模块结构

课程表模块

如图 3 所示，课程表模块提供绑定课程表、上课提醒、课程查看、公开课推荐（计划）的功能。其中绑定课程表是让用户输入他在本校教务系统的账号密码信息，我们的服务器（对于限制内网访问的教务系统，使用 APP 爬虫）自动的用爬虫将用户的课程表从教务系统抓取下来。上课提醒是按照用户的课程表的时间，在上课之前以状态栏通知并且震动的形式通知用户该上课了。课程查看功能是让用户可以按照周视图和日视图的形式查看课程表。公开课推荐（计划）则是根据用户课程表的课程推荐相应的网上免费公开课，用户可以进行自主学习。

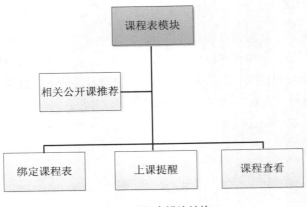

图 3　课程表模块结构

关系模块

如图 4 所示，关系模块提供给用户管理自己关系的功能。查看关注的人功能是用户可以查看自己已经关注的人列表；查看粉丝功能是用户查看关注自己的用户列表；取消关注则是不再关注已经关注的人；关注是关注用户；搜索用户则是通过 ID 或昵称搜索用户；查看附近的人则是查看附近使用该功能的人。

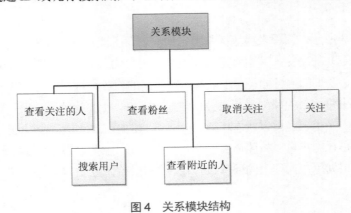

图 4　关系模块结构

消息模块

如图 5 所示，消息模块提供管理消息的功能。当用户评论状态时，会对发状态的人自动发送评论消息；当用户邀请别人自习时，会对被邀请人发送邀请自习的消息；当用户关注别人时，会对被关注者发送被关注的消息。查看邀请自习消息就是查看自己被邀请自习的消息，自习地点会显示在一个地图上。传纸条功能相当于点对点给其他用户发送消息，消息的内容可以为文字和最多九张图片。

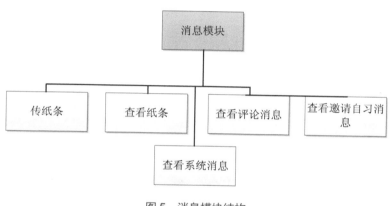

图 5　消息模块结构

圈子模块

如图 6 所示，圈子模块相当于好友状态模块。提供查看关注的人的状态、发状态、评论状态的功能。其中发状态的内容可以为文字、表情、图片。评论状态的内容可以为文字表情。

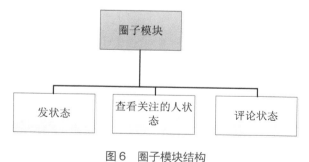

图 6　圈子模块结构

用户管理模块

如图 7 所示，用户管理模块提供注册用户、找回密码、修改资料的功能。注册用户需要用户输入用户名、昵称、密码、手机号、手机验证码信息。修改资料功能让用户可以修改头像、性别、昵称、学校等信息。

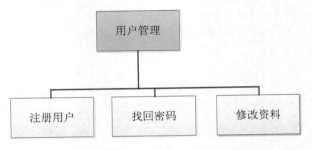

图 7　用户管理模块结构

原型设计

原型设计如图 8～图 30 所示。

<table>
<tr><td></td><td>（a）欢迎界面</td><td>（b）菜单界面</td></tr>
<tr><td>图 8　登录界面</td><td colspan="2">图 9　主界面</td></tr>
</table>

（a）消息菜单　　　　　　（b）邀约　　　　　（c）地点

图10　消息界面　　　　图11　邀请自习消息界面

（a）消息菜单　　　　（b）系统消息

图12　系统消息界面　　　　图13　评论消息界面

（a）联系人　　　　　（b）文字纸条　　　　　（c）图片纸条

图14　传纸条界面

131◂◂

（a）账号　　　（b）登录

图 15　查看纸条界面　　　　　　　　　图 16　绑定课程表界面

图 17　课程表周视图界面　　　　　　　图 18　课程表日视图界面

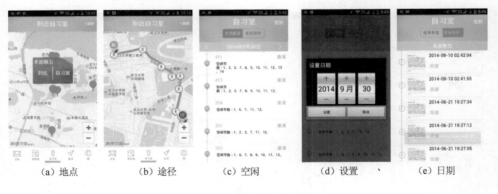

（a）地点　　　（b）途径　　　（c）空闲　　　（d）设置　　　（e）日期

图 19　附近自习楼界面

（a）选择　　　　　　　（b）伙伴　　　　　　　（c）邀请

图 20　邀请自习伙伴界面

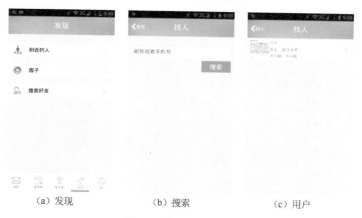

（a）发现　　　　　　　（b）搜索　　　　　　　（c）用户

图 21　搜索用户界面

（a）找寻　　　　　　　（b）附近人　　　　　　（a）找寻　　　　　　　（b）圈中人

图 22　附近的人界面　　　　　　　　　　　　图 23　圈子界面

（a）回复　　　　　　　　　　　　　　　　（b）评论

图 24　发状态界面　　　　　　　　　　　　图 25　评论状态界面

（a）登录　　　　　　　　　　　　　　（b）注册

图 26　注册用户界面

（a）登录　　　　　　　　（b）密码　　　　　　　（c）找回

图 27　找回密码界面

（a）在线　　　　　　　　　　（b）设置

图 28　设置界面

（a）在线　　　　　　（b）整理　　　　　　（c）管理

图 29　个人管理界面　　　　　　　　图 30　他人信息界面

4. 作品实现、难点及特色分析

（1）作品实现

我们采用 Java 作为主要的开发语言，采用 C/S 架构，其中 C 是指安卓客户端，S 是服务器，服务器和客户端的交互格式为 JSON。JSON 具有省流量易拓展的优良品质，之后开发 iOS 客户端的时候可以直接介入服务器，不需要二次开发。

服务器端采用 Tomcat7.0 +mysql 作为服务器软件。Android 客户端乃是按照数据交换层+缓存层+逻辑层+界面层开发。

服务器数据库的设计图如 31 所示。

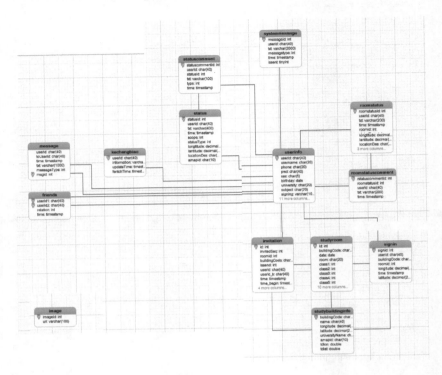

图 31　数据库设计

服务器端 DAO 层类，如图 32～图 34 所示。

▷　Ⓙ BaseDao.java
▷　Ⓙ DaoException.java
▷　Ⓙ DBPool.java
▷　Ⓙ Friends.java
▷　Ⓙ FriendsDAO.java
▷　Ⓙ Image.java
▷　Ⓙ ImageDAO.java
▷　Ⓙ Invitation.java
▷　Ⓙ InvitationDAO.java

图 32　服务器端 DAO 层类（一）

▷ 🗊 Kechengbiao.java
▷ 🗊 KechengbiaoDAO.java
▷ 🗊 Message.java
▷ 🗊 MessageDAO.java
▷ 🗊 RoomStatus.java
▷ 🗊 RoomStatusComment.java
▷ 🗊 RoomStatusCommentDAO.java
▷ 🗊 RoomStatusDAO.java
▷ 🗊 Signin.java
▷ 🗊 SigninDAO.java
▷ 🗊 Status.java
▷ 🗊 StatusComment.java
▷ 🗊 StatusCommentDAO.java
▷ 🗊 StatusDAO.java
▷ 🗊 StudyBuildingInfo.java

图 33　服务器端 DAO 层类（二）

▷ 🗊 StudyBuildingInfoDAO.java
▷ 🗊 StudyRoom.java
▷ 🗊 StudyRoomDAO.java
▷ 🗊 SystemMessage.java
▷ 🗊 SystemMessageDAO.java
▷ 🗊 UserInfo.java
▷ 🗊 UserInfoDAO.java

图 34　服务器端 DAO 层类（三）

服务器工具类（图 35）：

▷ 🗊 AmapUtil.java
▷ 🗊 Base64Util.java
▷ 🗊 DateFormatUtil.java
▷ 🗊 HttpUtil.java
▷ 🗊 ImgUtil.java
▷ 🗊 PatternUtil.java
▷ 🗊 PushMessageUtil.java
▷ 🗊 SendMsg_webchinese.java
▷ 🗊 Strings.java

图 35　服务器工具类

服务器课程表数据抓取类（图 36）：

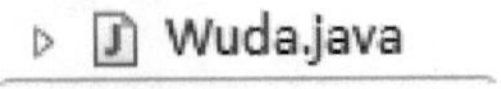

▷ ▯ Wuda.java

图 36　服务器课程表数据抓取类

服务器 Servlet 类（图 37）：

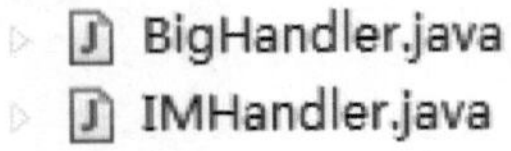

▷ ▯ BigHandler.java
▷ ▯ IMHandler.java

图 37　服务器 Servlet 类

客户端代码结构（图 38）：

▷ ⊞ com.trinet.util
▷ ⊞ com.zixiba.activity
▷ ⊞ com.zixiba.activity.asynctask
▷ ⊞ com.zixiba.adapter
▷ ⊞ com.zixiba.base
▷ ⊞ com.zixiba.broadcastReceiver
▷ ⊞ com.zixiba.data.bean
▷ ⊞ com.zixiba.data.push
▷ ⊞ com.zixiba.data.request
▷ ⊞ com.zixiba.dialog
▷ ⊞ com.zixiba.fragment
▷ ⊞ com.zixiba.listener
▷ ⊞ com.zixiba.network
▷ ⊞ com.zixiba.object
▷ ⊞ com.zixiba.service
▷ ⊞ com.zixiba.util
▷ ⊞ com.zixiba.view
▷ ⊞ uk.co.senab.photoview
▷ ⊞ uk.co.senab.photoview.gestures
▷ ⊞ uk.co.senab.photoview.log
▷ ⊞ uk.co.senab.photoview.scrollerproxy

图 38　客户端代码文件

（2）特色分析

附近自习室乃是国内首创，还没有此类软件问世，邀请自习的功能也很有趣有用。再加上公开课推荐（计划）+课程表功能社交功能，这绝对是为大学生量身打造的 APP。

（3）难点和解决方案

难点 1. 课程表周视图怎么实现上下左右滑动效果。

周视图是二维滑动的，所以仅仅使用一个 ListView 是不够的。解决方案是采用 ListView+ScrollView 的混合。代码实现课程表模块的添加。

难点 2. 怎么抓取数据库管理系统的课程表。

首先，课程表绑定需要用户输入自己的教务系统的账号和密码，我们做的事情是模拟登录到学校的教务系统把用户自己的课程信息下载下来转换成统一的课程表格式。上课提醒则比较简单，只需要做一个 Android Service 定时提醒就行了。

难点 3. 自习室数据的抓取。

解决方案是，我们先了解学校开放自习的教学楼，然后写爬虫将学校教务系统内的所有课程的安排抓取下来，两个信息结合使用，就能生成自习室的列表。

难点 4. 怎么实现附近的人、附近的教学楼。

查阅了一些资料，发现算法比较复杂，如果人比较多的话，小型服务器性能上无法满足需求。高德提供了云图功能，就是可以将自己的地理位置数据动态地添加到云图中或者从云图中删除，还可以实时查询（给定一个中心点，查询附近的数据）。所以我们就采用了云图这个方式来实现附近的人、附近的教学楼功能。

难点 5. 小纸条即时消息发送。

要想用户 A 发送给用户 B 一个小纸条，用户 B 可以不需要主动刷新就知道有新消息到来。这就需要使用推协议维持长连接来实现。为了节省时间和金钱，我们使用了百度云推送来实现这个功能。

作品 14 心 感

获得奖项 本科组二等奖
所在学校 北京联合大学
团队名称 翼团队
团队成员 李聚升 赵 哲 葛东芝
指导教师 薛岚显
成员分工

　　李聚升 负责软件架构设计，代码编写，产品原型，操作流程。
　　赵 哲 负责软件架构设计，代码编写，产品原型，操作流程。
　　葛东芝 负责 UI 界面设计，数据收集整理，文档总结，协调。

1. 作品概述

　　在发达国家，信息无障碍自 20 世纪 90 年代开始就引起了人们的关注。而为残障人士提供的平等机会，使他们得以分享信息科技成果更是成为了政府致力于达成的一个目标。

　　在 2003 年至 2005 年举办的信息社会世界高峰会议上提出的《行动计划》里，更是将"信息无障碍"放在了国家通信战略、信息通信技术设备和服务中的重要地位。在发达国家，推进信息无障碍的许多措施已经使得很多残障人士、老年人能够在残疾的情况或退休后继续工作，通过互联网继续为社会创造价值，弱化他们对政府的依赖度，减轻国家的负担。从这个角度来讲，推进信息无障碍，已经使推进者从中受益。

　　2002 年，联合国在第二个"亚太残疾人十年"活动中通过的《琵琶湖千年行动纲要》中明确提到，要优先推进信息无障碍建设，利用现代通信技术解决残疾人困难，使残疾人跟上全球信息化、通信现代化的发展步伐。中国政府高度重视联合国发出的号召，原信息产业部、中国残疾人联合会、中国残疾人福利基金会等几部委在北京召开会议，决定举办中国信息无障碍论坛，至此，中国开始重视残疾人在获取信息上的便利性和重要性。

目前，中国政府已签署联合国《残疾人权利公约》。党的十七大报告强调，发扬人道主义精神，发展残疾人事业，推进信息无障碍工作最大限度减少甚至消除残疾人之间、残疾人与健全人之间的信息交流的障碍，使残疾人能够享受信息化所带来的成果，是新时期发展到一定阶段的必然要求，是社会人文关怀的具体体现，也是全面建设小康社会和构建社会主义和谐社会的重要内容。

中国信息无障碍论坛自2004年以来已成功举办了六届，得到了联合国、国家相关部委及社会各界的广泛关注。每届论坛都是围绕着"信息无障碍惠及残疾人"这一主题展开的，反映信息无障碍在中国的最新成果、试点工作和标准建设情况，进一步探讨如何更好地使用信息无障碍技术、产品，推动信息无障碍在各行各业的应用。2009年第六届中国信息无障碍论坛"公益·责任·价值——探索信息无障碍的新机遇"的主题，对于中国的信息无障碍事业来说又是一次巨大的发展机会。

《心感》和《心感》系列软件能够弥补当下无障碍软件匮乏的状况，对于丰富当下匮乏的无障碍Android手机软件有着重要意义。作为当代大学生，我们有责任关心关注社会公益事业，利用自己的专业所学，为需要帮助和关注的盲人朋友更好的享受科技进步带来的益处，为无障碍Android手机软件做出自己的贡献。

我们坚信科技永远没有阶级等级之分，它带给人类的是共享和普及。有些人眼前也许一片漆黑，但不能阻止他们享受多彩的人生，让更多人共享科技给我们带来的便利是所有人的责任。

我们翼团队设计开发《心感》和《心感》系列软件目的就是让这个地球所有人平等地享受我们全人类智慧的成果。同时呼吁更多人意识到这一点，包括企业的研发者，用自己的努力为他们奉献一份力量，以便他们能够利用现代文明所创造的条件在最大程度上克服视觉不便。

"方便盲人，服务盲人，站在盲人的角度思考问题"是我们《心感》的初衷，以及贯彻这个开发过程的主要思想。《心感》——眼在心中，用心感受世界，而我们也一直用心感受盲人的世界，开发这款软件的目标就是为了实现完全信息无障碍，盲人操作起来会觉得方便简单，符合他们的日常的操作方式。当然，对于明眼人来说，这也是一款不错的APP Store。

我们的目标是设计和开发出一款针对盲人的软件下载平台，对于盲人来说它操作简单，容易记忆。对于明眼人来说也不存在不能用的问题，总体来说我们设计一款完全信息无障碍的针对盲人的软件商场，以及一系列完全信息无障碍的应用软件，要真正做到"软件面前，人人平等"，因此它必须有一定的准入原则，这一点我们将在软件商城中体现。

2. 作品可行性分析和目标群体

（1）可行性分析

①社会可行性。

2002年，联合国在第二个"亚太残疾人十年"活动中通过的《琵琶湖千年行动纲要》中明确提到，要优先推进信息无障碍建设，利用现代通信技术解决残疾人困难，是残疾人跟上全球信息化、通信现代化的发展步伐。中国政府高度重视联合国发出的号召，原信息产业部、中国残疾人联合会、中国残疾人福利基金会等几部委在北京召开会议，决定举办中国信息无障碍论坛，至此，中国开始重视残疾人在获取信息上的便利性和重要性。

为了积极响应国家号召，我们翼团队开发了一款专属盲人的《心感》市场及《心感》系列应用软件，《心感》系列软件对信息无障碍建设起积极地推动作用。

②经济可行性。

商业性与公益性兼顾，公益活动是从长远着手，出人、出物或出钱赞助和支持某项社会公益事业的公共关系实务活动。公益活动的宣传是目前社会组织特别是一些经济效益比较好的企业，用来扩大影响，提高美誉度的重要手段。纯公益的使用有很多有益的方面，但是往往存在着资金上的问题。带有商业色彩的公益事业是既能够兼顾做公益事业的人的收益，又能使得公益使用有着强劲的动力。

投放广告，德国柏林市大名鼎鼎的瓦尔公司做的却是一笔旁人不屑的生意——为大城市提供免费的公共厕所。里面是免费的厕所，外面是赚钱的广告，这就是"厕所大王"的生意经。如果我们在提供免费下载平台和游戏的时候植入广告，针对盲人的广告，那么就可以实现在公益的前提下，提供更加优质的服务与产品

（2）目标群体

适用于使用 Android 智能手机数量庞大的盲人或低视力者及明眼人。

3. 作品功能与原型设计

作品功能如图 1 所示。

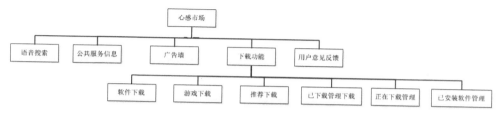

图 1   总体功能结构

语音搜索功能

在心感市场中，我们采用了语音搜索功能来替代打字搜索。对于盲人来说，打字是一件很麻烦的事，按钮太小、一个字需要输入好几个拼音，而采用语音搜索功能，避免盲人打字和误操作的麻烦。双击进入语音搜索功能，会有语音提示进入倾听中，直接语音输入你想要搜索信息的关键词即可，语音功能会直接匹配关键字来查询你需要的软件或游戏。

公益服务信息

公益推送主要推送实时天气信息和空气质量信息，结合读屏软件的使用，当用户想要了解实时的天气信息时，只需将手指触摸相应位置即可，不需要回到手机主界面，如图 2 所示。

图 2   公益推送信息

盲人广告墙

在主流软件商城中广告一般以华丽的纯图片的形式显示，但不支持读屏软件，对于盲人来说他们不能了解广告的信息，所以广告推送对他们毫无意义。

《心感》盲人广告墙与一般软件商城中广告推送不同，我们以一种图文结合的方式，让盲人也可以了解广告的信息。盲人广告墙主要推送三类信息：商业

广告信息，因为我们的商城是纯绿色的，但是没有收入将意味着商城存活时间
不长，商业广告是支撑整个商城的经济来源；有关盲人的公益信息、有关盲人
常用的产品。我们会不定时的更新，这样用户就可以实时了解跟自己息息相关
的信息。用户若想浏览相应信息，直接点击，即会跳到相应链接或下载页面。
如图3和图4所示。

图3　盲人公益信息　　　　　　　图4　应用广告推送信息

游戏和应用下载

游戏下载与应用下载包含功能相同，不同的是游戏下载中只包含游戏信息，
而应用下载中包含除游戏以外的信息。所以以游戏下载为例：

详情中讲解游戏（应用）的具体信息，上下翻页可以查看游戏（应用）的
详细信息；评论中可以查看其他用户对这个游戏（应用）的评价，用户也可自
己对游戏（应用）进行评论，但需要先登录；开始下载可以下载你感兴趣的游
戏（应用）；上下翻页可查看不同的游戏（应用）信息；如图5所示。

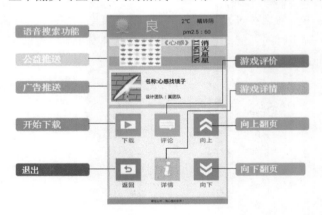

图5　游戏下载界面

热门推荐

热门推荐中主要推荐一些下载量较高，或用户评价较高的应用软件。

详情中讲解软件的具体信息，上下翻页可以查看软件的详细信息；评论中可以查看其他用户对这个软件的评价，用户也可自己对软件进行评论，但需要先登录；开始下载可以下载你感兴趣的软件；上下翻页可查看不同的软件信息。如图6所示。

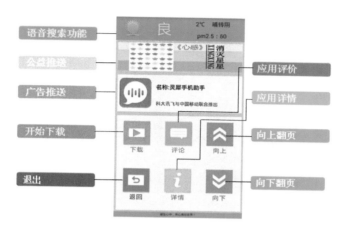

图6　正在下载界面

下载管理

下载管理是用来管理已经下载完成的应用或正在下载的应用，以及应用的更新或卸载，如图7所示。

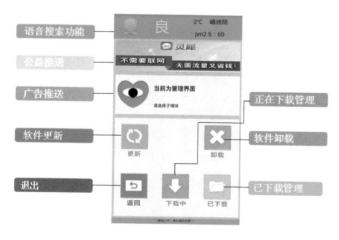

图7　下载管理界面

具体功能实现还要进入相应子模块，下面将具体讲解下载管理的各个子模块。

软件更新

在软件更新中可以手动的选择用户想要的更新的软件，点击更新，按照提示一步步执行即可，如图 8 所示。

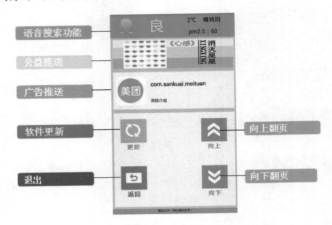

图 8　软件更新理界面

软件卸载

在软件更新中可以手动的选择用户想要的删除的软件，点击删除，按照提示一步步执行即可，如图 9 所示。

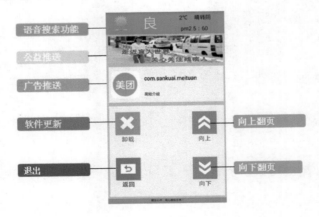

图 9　软件卸载界面

正在下载管理

正在下载管理是管理一些正在下载的任务，用户可以手动的暂停下载或开始下载，也可以直接删除不想要的任务，上下键切换任务，如图 10 所示。

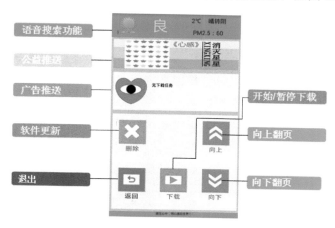

图 10 正在下载管理界面

已下载管理

已下载管理是管理一些已经下载完成的任务，用户可以选择安装下载完成的任务，也可以直接删除不想要的任务，上下键切换任务，如图 11 所示。

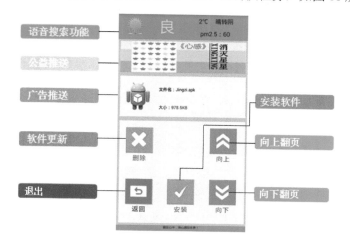

图 11 已下载管理界面

在《心感》系列游戏中，打开游戏后，主界面设计风格与布局一致，所以在下面几个游戏的介绍中将不再赘述。

　　如果你对这个游戏有任何的意见或建议可以通过意见反馈，反馈给我们。我们重视每一位用户的意见，并且会慎重考虑。玩家通过使用说明可以了解整个游戏的玩法，点击开始游戏进入游戏界面，如图 12 所示。

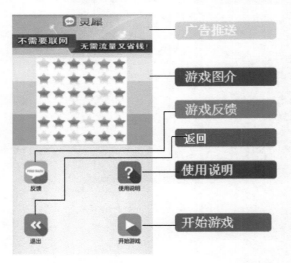

图 12　游戏首界面

原型设计

（1）《心感》——《找镜子》

　　《找镜子》是一款我们自己构思并独立开发的一款游戏，他是一款锻炼空间想象力的休闲益智游戏。《心感》——《找镜子》以光的入射方向和反射方向，来选择镜子的角度和找到镜子的准确位置。将手电筒放置在一个位置，语音会播报光的入射角度和反射角度，进而判断选择镜子的角度和位置，通过右下角的切换镜子可以选择镜子角度或清除镜子。如果想要清除镜子，点击清除按钮，再点击镜子即可。随着关卡的不断升高，需要找出的镜子也越来越多，难度越来越大，如图 13 所示。

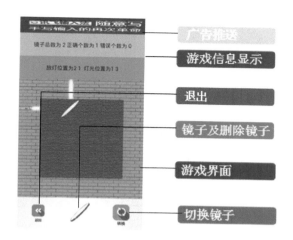

图 13　找镜子游戏界面

《找镜子》的实质是个二维数组。它是分别用两个二维数组标记用户方镜子与灯的情况和实际上放镜子的情况。镜子的位置和方向是随机产生的。所有就要再生成镜子的时候就像是否有解的判断。其核心算法是，将外围依次放灯检测，累计其折射次数，如果折射次数是镜子数量的两倍即为有解。

灯放置之后即就沿光线前进，如果遇到镜子，那么就执行响应的操作（改变方向或者停止），直到边框位置。

（2）《心感》——《消灭星星》

《消灭星星》是一款很火的游戏，但是盲人却享受不到它的乐趣，所以我们翼团队经过不懈努力设计了一款盲人版《消灭星星》。

它是通过消灭相同颜色的星星来达到目标分数，等级越高，目标分数越高。通过触摸屏幕将会播报星星的个数和位置，如果想要消除星星，直接点击右下角消除星星即可；如果想要取消选择，点击下面功能区的取消即可，如图 14 所示。

消灭星星的最核心就是一个二维数组。当发生点击选中星星的时候，执行串联（将其周围所有的相同颜色的星星连接一起），连接星星的过程分别判断其周围点的颜色，如果已经判断了就标记一下，迭代操作，就可以串起来。消灭操作就是将已经选择置为空，消灭操作之后，进行数值的移动，先下后左。

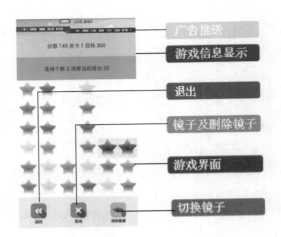

图 14　消灭星星游戏界面

　　游戏是否结束判断，即按顺序判断，有没有可以串联起来的星星，如果有就结束判断，如果到最后依然没有一个星星，那么游戏结束。

　　（3）《心感》——《2048》

　　同样，我们也做出了盲人版《2048》，与传统的《2048》玩法相同，不同的是我们从用户的角度出发，考虑了他们的操作方式，通过语音方式顺序播报每个位置的相应内容，如图 15 所示。

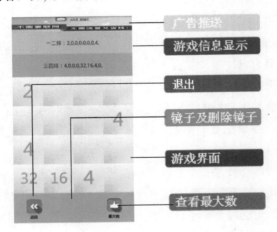

图 15　2048 游戏界面

　　《2048》为了考虑到盲人的操作习惯，将其设置为图片，不让盲人逐个读取，自定义了一个 view，上面动态显示实时的操作情况。并在该 view 上设置触摸监听，当有滑动发生时，判断其滑动方向，然后，执行数组的移动。数组移动中还算比较简单，要注意的是，数组内数字相加的次数和游戏规则一致即可。

4. 展望未来

（1）公共服务信息的深度开发

其实无论是政府，还是社会民间组织，都做了一些爱盲、助盲的工作。而宣传这些资讯就显得尤为关键，让更多的盲人知道这些资讯，最大范围内的通知。这是一个艰巨的工作，也是爱盲、助盲活动成功的必要条件。

于是，我们的这个公共服务资讯的推送，应该往深入做，最大程度的搜集社会上的各类爱盲助盲的资讯。并且能够通过盲人的反馈，来形成一个信息共享与发布平台。让每一次爱盲、助盲活动得到最广泛的通知，这任重而道远。

（2）广告位的深度开发

我们设计的广告位推送服务，将是我们这个团队，以及未来要加入到我们平台的所有爱盲、助盲游戏开发者的重要经济来源。公益与商业并不冲突。广告位的深度开发利用，是一座金矿。只有拥有这座金矿，才能吸引更多的无论是商业团队还是纯公益团队加入开发爱盲、助盲的游戏当中，这样才能够产生更多高质量游戏。

当前的盲人 APP 都是没有广告的，这是一个市场空白。盲人产品与普通产品一样，都有广告的市场原动力。然而，当下还没有人开发，我们希望这是我们的一个机遇，也是盲人产品公司的一个机遇，更是盲人获得更多更好产品的一个机遇。

我们正准备更加深入的调研，设计开发出适合盲人的读屏手机及让产品商信服的合理广告统计与计费系统。

（3）反馈信息的深度挖掘

信息反馈系统的重要性不言而喻，它就像一根线，这头牵着的是盲人的心，那头连的开发者的心。信息反馈系统的存在就使得盲人和开发者紧紧地心连心。是开发者开发出更适合产品和更多创作灵感的源泉。

（4）公益开发团队的壮大

一个团队，一个组织的力量再强大也是弱小的。众人拾柴火焰高，只有当有更多的开发团队加入到我们的这个游戏下载平台上的时候，我们下载平台的意义才真正得以体现。

作品 15　懒得背

获得奖项　本科组二等奖
所在学校　东莞理工学院
团队名称　敲码农的小代码
团队成员　游宏填　李瑞元
指导教师　魏小锐
成员分工

　　游宏填　负责项目的设计与策划，程序核心代码的编写。
　　李瑞元　负责项目的界面美化，程序代码的编写。

1. 作品概述

选题背景

　　大学英语四级是每个大学生都会参与的考试，但是随着科技发展的日新月异，学习已经不仅仅局限于课本和各种纸质资料，你可以在电脑上、平板上、手机上等电子设备上学习。不言而喻，背英语单词也一样。

　　目前，市面上背英语单词的 APP 琳琅满目，相信大部分要考四级的人都会下载来为自己的单词积累充充电，但是我相信大部分人都跟我一样，拿起手机就会禁不住诱惑想着去玩其他的一些东西，如 QQ、微博、微信等，因为背单词相比于玩这些实在是太无聊，本意是想背单词却变成了玩手机。同时三分钟热度这种事实在是太多了，刚开始下载个背单词 APP，立志每天背 50 个单词，没想到只是三分钟热度，无法坚持下去。而我也一样，深受其扰。

　　既然又想玩手机，又想背单词，难道就没有一款 APP 是可以在玩手机中背单词的吗，于是我就做了这个 APP《懒得背》。

项目意义

《懒得背》不同于市面上的其他背单词软件，市面上的背单词软件是需要用户主动去开启软件进入背单词，而用户往往会因为自己的惰性或者其他原因转而去玩其他的 APP。而懒得背在设计的时候就反其道而行，不需要用户主动去背单词，对，用户可以被动背单词，用户可以不用主动去打开懒得背单词，用户可以在玩 QQ、玩微信、玩手机中背单词，也就是说用户玩手机玩得越多，单词也就背得越多，所以这是一款专为懒人设计的 APP，用户无须为自己玩手机而没有学习而感到懊恼，感到堕落，因为玩手机的同时就是在学习。

《懒得背》专业为解救各种懒人，各种重度玩手机者，想背单词却又怕自己三分钟热度者，真正实现无痛背单词，让用户真正体验到学习的乐趣。

2. 作品可行性分析和目标群体

（1）可行性分析

市场可行性：安卓系统作为移动设备端的第一大系统，拥有超过十亿的用户，用户基数巨大，而经过调查，超过百分之八十的大学生使用的是安卓系统的手机，可见市场容量的庞大。

技术可行性：安卓系统为开发者提供了丰富的 api，开发者可利用 api 写出各种界面友好、体验优秀的 APP，而且开发成本低，只需要有一台电脑，一部手机简单配置就可以进行开发了。

（2）目标群体

适用于需要考英语四级提高词汇量的大学生；要提高巩固词汇量的酱油学霸；要通过背单词降低自己玩手机而有堕落感的重度手机使用者。

3. 作品功能与原型设计

作品功能如图 1 所示。

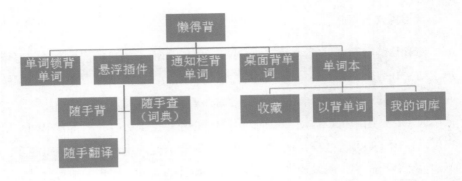

图 1　总体功能结构

单词锁模块

通过开启单词锁，获取手机里面的应用供用户选择加锁，加上锁后，当用户开启加锁的应用时，会弹出背单词界面，背完单词才可进入应用，弹出界面可以查看单词详情，单词发音等操作，每打开一次加锁应用必须背单词一个，玩得越多背得越多，实现在玩手机娱乐中背单词，做到学习娱乐两不误，一举两得。

应用场景，对 QQ、微信、微博等应用加锁后，每天玩这些应用越多背单词越多。

悬浮插件模块

开启悬浮插件后，在手机的任何界面的右侧都会有一个悬浮插件，只要一点悬浮插件即可展开悬浮球，总共有三个功能：背单词；随手查字典；随手翻译。

功能实现主要围绕着便捷、随手，不影响用户原操作的理念。

（1）随手背

点击快速弹出背单词界面，轻轻松松背单词，轻轻一点又可收起背单词浮窗。无须切换软件，做到随心随手随时随地。界面为小窗弹出，确保用户在背单词中可以知道弹窗后面发生的事件，以便用户迅速返回处理。

应用场景，在与好友聊 QQ、微信时，好友未回短信，利用时间间隙可以随手点开背单词，好友回复时又可迅速返回继续聊天。

（2）随手查字典

点击快速弹出字典页面，页面为半透明状态，确保用户可以在看到弹窗页面后面的内容，边看边输入，并支持剪贴板自动输入，以快速查询用户不懂的单词。

应用场景，在玩手机或者网上浏览、学习中遇到不懂的单词随手一点即可以查询单词。无须进入 APP，快速便捷。

（3）随手翻译

点击快速弹出翻译界面，页面同样为半透明状态，确保用户可以边看内容边输入，并支持剪贴板自动输入，快速翻译不懂的句子，并且要自动判断中英或者英中。

应用场景，学习中或者玩手机中遇到不懂的英语句子或者翻译中文句子，随手一点即可查看翻译。

通知栏背单词模块

开启通知栏背单词后，用户可以在通知栏背单词，当用户下拉通知栏时可以快速背单词，背单词对了即切换到下一个单词，背错了就弹出单词的详情，用户觉得单词太简单可以快速跳过。用户想背单词只需要下拉通知栏就可以马上进入背单词，不想背了上拉通知栏就行了，简单快捷。

应用场景，在与好友聊 QQ，微信时，好友未回短信，利用时间间隙，可以随手下拉通知栏背单词，好友回复时又可迅速返回继续聊天。

桌面背单词模块

通过添加桌面背单词插件，可以实现在桌面背单词，桌面是用户使用最频繁的界面，懒得背同样把背单词放上来，在桌面上就可以直接背单词，无须进入软件。

应用场景，在桌面添加插件，只要用户进入桌面就可以看到懒得背，随手一点即可背单词。

原型设计如图 2～图 9 所示。

图2　首页界面　　　　　图3　单词锁设置　　　　　图4　单词锁界面

（a）悬浮插件设置　　　　　　　（b）插件效果

图5　悬浮插件设置和插件效果

（a）随手背　　　　　（b）随手词典

图6　随手背和随手词典　　　　　图7　随手翻译

（a）背单词设置　　　　　（b）通知栏界面

图8　通知栏背单词设置和通知栏界面

图9　桌面背单词界面

4. 特色分析

颠覆了传统的背单词方式，让使用者不用主动去背单词，而是在玩手机中背单词，与被动方式背单词结合以多种方式提供选择，为使用者提供更轻松的背单词方式，娱乐学习两不误。

例如，单词锁背单词属于被动背单词，用户在为常用软件设置了加锁后，用户在每一次进入加锁应用必须背一个单词，背完即可进入相应软件，在玩手机娱乐的同时也学习了知识。而当用户打开悬浮插件后，在任何界面右侧都会有一个插件，假设用户正在聊天，在等待好友回复信息的时间空隙，只要随手一点就可以背单词，在好友回复后又可随手一点关闭背单词，做到随手随心背单词。

更多的像通知栏背单词，桌面背单词等方式为用户提供了多种选择，让用户更高效的学习。

5. 难点

不足：因为资源问题，只有四级的词库，只能面向考四级英语的用户，词库不全是这个 APP 的最大缺点。

今后设想：完善词库，优化背单词算法，使用户把单词记得更牢，更可融入社交元素，激励机制增加了用户黏性与兴趣。

作品 16　移动点餐宝

获得奖项　本科组二等奖
所在学校　湖北理工学院
团队名称　小雨工作室
团队成员　尹维亮　夏　能　王　欢
指导教师　伍红华
成员分工
　　　　　　尹维亮　负责整个点餐系统从服务器端到平板端整体设计与
　　　　　　　　　　项目规划，平板端，以及服务器端接口的开发。
　　　　　　夏　能　负责服务器端 PHP 的开发。
　　　　　　王　欢　负责整个系统 Web 端与客户端的界面设计，以及图
　　　　　　　　　　片处理工作。

1.　作品概述

选题背景

　　民以食为天。餐饮业是一种个性化、多样化的服务产业，餐饮传统的点菜方式是纯人工操作，由服务员记录顾客点的菜，在具体工作中容易出现以下问题：手写单据字迹潦草从而导致上错菜、传菜分单出错现象严重、加菜和查账程序较烦琐。处理特殊口味的食客菜单有遗漏和偏差、客人催菜遗忘现象较频繁、计算账单易出错、不方便人员管理等。

　　电子商务则是最能凸显个性化、多样化服务的商务方式。随着网络技术的发展和普及，方便、快捷、个性化的网上订餐正在进入人们的生活。正因如此，无线点餐模式应运而生。它不仅可以有效地提高餐饮业的工作效率，更可以规范服务体系，提高整体服务质量和管理水平，并为规模化经营提供了坚实的技术基础。

项目意义

移动点餐宝，让顾客直接使用餐桌上的平板电脑进行点菜，需要的时候随时呼叫服务员，方便快捷。

主要针对当下餐饮业以手工方式操作的一些弊端，如人工传递浪费时间，效率低下直接影响返台率；经营大规模菜系时单据多、信息量大而分散、传菜等环节经过的人越多越容易出问题，进而直接影响了服务质量；统计营业额时只能采用手工的方式，财务无法保证有效的监督管理机制；手写单据字迹潦草从而导致上错菜、传菜分单出错现象严重、添菜和查账程序较烦琐；处理特殊口味菜品有遗漏和偏差，个人催菜遗忘现象频繁，计算账单容易出错，不方便人员管理等。

2. 作品可行性分析和目标群体

（1）可行性分析

①法律可行性分析。

移动点餐宝是我们团队自主开发，并使用正版软件制作。开发团队对该作品拥有完整、合法的著作权和其他相关权利，没有侵害他人著作权、商标权、专利权等知识产权或违反法令或其他侵害他人合法权益的情况。因此，本移动点餐宝的开发在法律上是可行的。

②技术可行性分析。

本移动点餐宝依托局域网，以 Internet 作为网络平台。该系统采用 PowerDesigner 15.1 进行系统分析和设计，采用 PHP 作为后台编码语言，Mysql 作为后台数据库；采用 Android 作为平板端和手机端操作系统,，Java 作为客户端程序编码语言。

目前开发团队的成员完全能满足系统分析、设计和实现的具体需要。因此该项目在技术上是可行的。

③经济可行性。

通过对该系统的成本效益分析可知，该系统能为用户产生巨大的经济效益和社会效益，因此该系统的开发在经济上是可行的。

④操作可行性。

在系统运行后，就用户（包括顾客、服务员、收银员等）而言，由于使用本系统时不会也不必关心系统内部的结构及实现方法，即对用户来说是透明的，所以本系统对用户而言是定位在界面友好、操作方便、功能齐全的原则上的，用户只需简单的点按钮执行相应的功能即可。目前资源的利用情况和可操作性，只需根据对数据库中的相应表数据直接操作就可以实现系统的完整、稳定的运行，不会造成对系统的巨大压力，可以保证系统的正常运行。

（2）目标群体

适用于针对各大中小型餐馆和酒店的管理者。

3. 作品功能与原型设计

作品功能如图 1 所示。

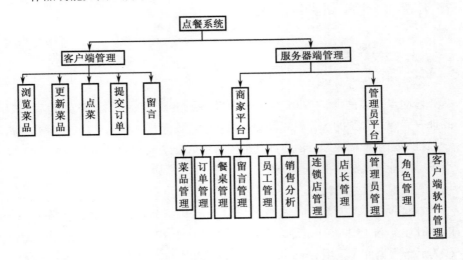

图 1　总体功能结构

浏览菜品模块

顾客端 APP 主界面滚动显示本店推荐菜品，还可分类查看相应菜品、搜索菜品等。

更新菜品模块

顾客可以下拉菜品列表刷新菜品信息以及时获知菜品信息是否有变更。

点菜模块

①查询：通过输入查询菜单点餐，对中意的菜肴下单，并记入订单中。
②个性定制：根据个人喜好，对菜肴提出要求，包括就餐人数。

提交订单模块

①修改订单：修改订单中已经加入的菜名。
②提交订单：确认无误后提交，下单。

查看桌位状态模块

此功能可帮助服务员清晰地查看餐厅当前所有桌位的使用状态。

顾客端设置管理模块

这里的设置管理是在顾客平板端进行操作的，在顾客平板端有一个员工入口，员工登录后可以进行相应操作，如绑定餐桌等。

顾客端留言模块

这里顾客可以在用餐中或用餐完在平板上进行留言，对饭店的菜品和服务进行点评。

原型设计如图2～图6所示。

图2　点餐系统首页界面

图3　热门推荐界面

图4　点菜界面

图5　订单界面

图 6　留言板界面

4. 作品实现、难点及特色分析

（1）作品实现

①系统工作原理图，如图 7 所示。

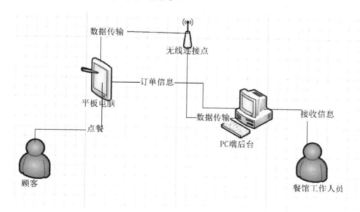

图 7　系统工作原理图

②数据库系统实现。

鉴于餐厅点菜系统设计的数据对于餐厅管理的重要性，数据库应提供严格的输入检测；数据必须每天进行备份，由于本信息涉及信息量多且重要，应以一天为周期进行增量备份，以季度为周期进行海量备份。

常用的数据库管理系统有 SQL Server、Oracle、DB2、Mysql 等，结合本系统的成本、安全性、储存的数据量、数据的用户数量、数据库的并发事务个数，本系统采用 Mysql 数据库存储数据，数据库名称为 mos，数据库共有 17 张表，部分表的设计结构如表 1～表 7 所示。移动点餐宝数据库表关系图如图 8 所示。

表 1　mos_foodcat 表（菜品种类）

字段名	字段类型	字段长度	是否主键	是否为空	说明
id	int	10	是	否	唯一标识符
cat_name	varchar	20	否	否	菜品分类名
shop_id	int	10	否	否	所属连锁店
sort	tinyint	3	否	否	排序编号

表 2　mos_food 表（菜品信息）

字段名	字段类型	字段长度	是否主键	是否为空	说明
id	int	10	是	否	唯一标识符
shop_id	int	10	否	否	所属连锁店
food_name	varchar	20	否	否	菜品名
cat_id	int	10	否	否	所属分类
food_from	varchar	30	否	否	菜系
price	float		否	否	价格
specprice	float		否	否	优惠价格
pic	varchar	30	否	否	菜品图片
intro	text		否	否	菜品介绍
sort	tinyint	3	否	否	排序编号
on_time	int	10	否	否	上架时间
recommend	int	10	否	否	热门推荐

表 3　mos_ordermenu 表（订单）

字段名	字段类型	字段长度	是否主键	是否为空	说明
id	int	10	是	否	唯一标识符
shop_id	int	10	否	否	所属连锁店
food_id	int	10	否	否	菜品 ID
food_name	varchar	20	否	否	菜品名
price	float		否	否	价格
state	tinyint	1	否	否	菜品状态
pin_time	int		否	否	点菜时间

表4　mos_order 表（账单）

字段名	字段类型	字段长度	是否主键	是否为空	说明
id	int	10	是	否	唯一标识符
shop_id	int	10	否	否	所属连锁店
table_id	int	10	否	否	桌号
num_serial	varchar	20	否	否	订单编号
cost	float	20	否	否	花费
state	tinyint	1	否	否	订单状态
ctime	int	10	否	否	创建时间

表5　mos_tablepos 表（桌位信息）

字段名	字段类型	字段长度	是否主键	是否为空	说明
id	int	10	是	否	唯一标识符
shop_id	int	10	否	否	所属连锁店
table_id	int	10	否	否	餐桌编号
descr	varchar	300	否	否	餐桌描述
state	tinyint	1	否	否	餐桌使用状态（012）
start_time	int		否	否	开桌时间

表6　mos_chainshop 表（连锁店信息）

字段名	字段类型	字段长度	是否主键	是否为空	说明
id	int	10	是	否	唯一标识符
shop_name	varchar	200	否	否	连锁店名
shop_icon	varchar	100	否	否	连锁店图标
phone	varchar	100	否	否	连锁店电话
address	text		否	否	连锁店地址
intro	text		否	否	连锁店介绍
start_time	int		否	否	开店时间

表7 mos_shopkeeper 表（店长信息）

字段名	字段类型	字段长度	是否主键	是否为空	说明
id	int	10	是	否	唯一标识符
shop_id	int	10	否	否	连锁店编号
name	varchar	200	否	否	店长姓名
pwd	varchar	200	否	否	店长密码
phone	varchar	100	否	否	联系方式
email	varchar	200	否	否	电子邮件
join_time	int		否	否	加入时间

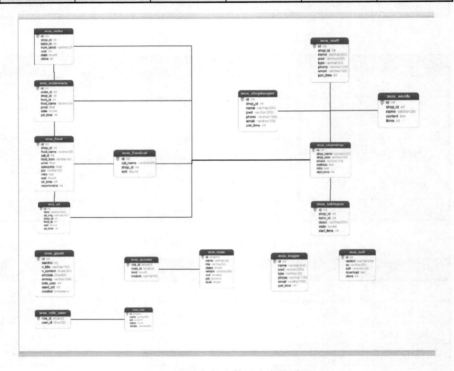

图8 移动点餐宝数据库表关系图

在客户端开发方面，要实现呼叫功能需要用到网络中的推送服务，由于考虑到开发时间有限，我们采用了网上较为成熟稳定的推送服务平台——极光推送；节约了项目成本的同时提升了项目的稳定性。同时我们通过第三方推送实现了服务器主动呼叫客户端的功能。

在平板点餐界面的设计上我们做了大量的优化设计工作，如采用了时下非常流行的瀑布流式布局框架，美化的同时又不失界面传达信息的准确性；采用图片异步加载机制，解决了由于某些图片过大加载缓慢的问题；界面操作流程设计合理，符合大多数顾客的使用习惯，减少了顾客学习使用的时间，提升了用户体验。

在 Web 端 UI 部分我们采用了 HTML5、DIV、CSS、JavaScript、Jquery 等主流网页开发技术，值得一提的是，对于开发者来说，HTML5 技术跨平台，适配多终端，传统移动终端上的 Native APP，开发者的研发工作必须针对不同的操作系统进行，成本相对较高。Native APP 对于用户还存在着管理成本、存储成本，以及性能消耗成本。HTML/JavaScript/CSS 语言所开发的应用只要一次开发就能进入所有浏览器进行分发。即使是走传统的 APP Store 应用商店渠道，只需要再将底层用 HTML5 开发的应用"封装"为 APP，从时间和资金成本上讲远小于跨系统移植。

网站数据分析圆饼图，我们采用的是开源项目 Chart.js。该项目是一个简单、面向对象、为设计者和开发者准备的图表绘制工具库，它基于 HTML5 Canvas 技术，支持所有现代浏览器，并且针对 IE7/8 提供了降级替代方案，不依赖任何外部工具库，轻量级（压缩之后仅有 4.5KB），并且提供了加载外部参数的方法。

网页为了考虑到浏览器兼容问题，我们针对不同的浏览器编写了不同的 CSS code，即著名的 CSS Hack 技术。

使用 Jquery+Ajax+PHP，采用异步请求技术，访问页面时避免了卡顿现象，带来了良好的用户体验。

后台开发语言采用当下非常流行的 PHP，开发框架是安全、高效的 ThinkPHP，简化了开发过程。

数据库方面采用的是开源的 Mysql，虽然是中小型数据库，但开发效率高、安全性很好，具有数据库查询缓存功能，对于本餐饮点餐系统来说已绰绰有余，同时降低了项目开发成本。

数据库设计采用反范式优化设计，合理地设置字段冗余，减少连接表查询，提高了查询效率。

（2）特色分析

①操作界面十分简洁，不会花费消费者任何学习时间。
②采用第三方推送服务实现服务器主动呼叫客户端功能。
③基于角色的管理系统。

④方便快捷的软件更新升级系统。

⑤Web 端采用异步请求技术，访问页面时避免了卡顿现象，带来了良好的用户体验。

⑥网页前台开发采用 CSS Hack 技术，完美解决了浏览器兼容问题。

⑦数据库设计采用反范式优化设计，合理地设置字段冗余，减少连接表查询，提高了查询效率。

⑧后台销售分析系统能对餐厅销售数据进行详尽的数据分析。

（3）难点

在设计整个点餐系统时，最大的业务难点在于客户端与服务器端之间的通信，以及实现服务器主动呼叫客户端功能需要用到网络中的推送服务，这两点是整个点餐系统的核心难题。

（4）解决方案

考虑到开发时间有限，以及系统稳定性的问题，我们选择使用 JPush（极光推送）来模拟实时通信，同时我们选择了基于 JSON 的开源框架 Jackson 来对传输数据进行快速解析。

作品 17   课程助手

获得奖项　本科组二等奖
所在学校　华北电力大学（北京）
团队名称　ID Studio
团队成员　周敬宜　陈皓帆　曹　杰
指导教师　薛明磊
成员分工

　　周敬宜　负责主要逻辑功能实现，程序开发。
　　陈皓帆　负责界面设计及实现。
　　曹　杰　负责部分编码改写，文档编写。

1. 作品概述

　　作为大学生，每学期都要面对大大小小的课程，课堂笔记和课程整理成了很多学生头疼的事情。因为大学不像初高中的教育方法，每节课的内容多，而且难度大大加深了。只拘泥于在书本的记录很难完全记录下老师每节课所要传授的内容，每次复习时总是会有遗漏。在当前发达的科技下，几乎人人都拥有了智能手机。那为何我们不能用手机来辅助自己更好的学习课程知识呢？

　　根据我们的反复尝试，开发了这款界面简单、功能丰富、实用的"课程助手"。

2. 作品功能与原型设计

　　在"课程助手"中，学生可以添加课表；可以记录笔记；可以把课上重点的内容随时照随时保存；对于一些难度较大的课程，可以选择对课程音频的录制；更有视频录制等其他多功能全面帮助同学对于课程的学习。这个软件就是为了方便同学对课程学习的系统整理，让我们有规律的进行课程学习。

添加课程

一键快捷更改功能，如图1所示。

（a）修改

（b）编辑

图1　添加课程界面

添加备忘笔记

快速记录所学重点，如图2所示。

添加图片

重点内容及平时作业及时拍照，如图3所示。

图2　添加备忘笔记界面

图3　添加图片界面

添加音频

重点、难点随时录随时保存，如图4所示。

添加视频

对于精彩的课堂段子，要及时录制珍藏，如图5所示。

图4　添加音频界面

图5　添加视频界面

<h1 style="text-align:center">作品 18　朋友绘</h1>

获得奖项　本科组二等奖
所在学校　大连理工大学
团队名称　LevelUp
团队成员　商明阳　尚嘉雄　林　莹
指导教师　吕云翔
成员分工

商明阳　负责开发进度规划，对 WiFi 热点操作和数据的传输处理。

尚嘉雄　负责游戏的策划，界面的实现和前后台的交互。

林　莹　负责界面的设计和后期文档，ppt 的制作展示。

1. 作品概述

选题背景

在信息化日益发展的社会，移动终端的发展日盛一日，如今移动终端的应用已经遍及我们的生活，贴心的应用方便了我们的衣食住行，炫酷的游戏更是让我们的生活丰富多彩。而同时，一些曾经风靡一时的游戏，例如，你画我猜，正在逐步被人们忘记，这不是因为它们缺乏可玩性，而是因为传统游戏方式的限制，如纸张等材料的要求，多人围观一个人画图的尴尬等，这就意味着它并不能满足我们随时能和朋友一起玩的需求，同时，对于这样的多人联机游戏，我们必然不希望它对网络有太多的要求，基于这种需求，我们这款不需联网就能与小伙伴联机，拿出手机随时随地都能享受游戏乐趣的游戏就应时而生了。

项目意义

通过这款游戏，用户可以不受网络、地点等的限制，只要小伙伴们聚在一起，就能尽情地享受多人游戏的乐趣，发挥我们的绘画才能，增进彼此之间的感情，老游戏加上新形式、新创意定能让广大人群享受到游戏带给我们的快乐和意义。我们希望通过我们这款游戏，让众多的开发者意识到 P2P 的优点和它良好的发展趋势，尽量减少一些不必要的诸如对服务器的投入的资本，高效、低成本地开发出更多有利于我们广大用户的应用和游戏。

2. 作品可行性分析和目标群体

（1）可行性分析

在创意方面，吸收了传统你画我猜游戏的一部分游戏玩法，并会加上一些新鲜元素，如一些动画效果，分数奖励，以手机移动端的新形式解决传统游戏方式的弊端，无须网络，多人联机，增加游戏的可玩性。

在市场方面，现在的市场上还没有和我们这款游戏类似的应用，这说明我们这款应用的市场还是很广阔的，又因为这是一个多人联机的游戏，如果一个用户觉得这个游戏有可玩性的话，就将会引起一个群体的下载，会极大地增加这款游戏的玩家数量，占据一定的市场地位。

在运营成本方面，之前大多数的联机游戏，都需要专门的一台或者几台服务器，而这款游戏既实现了多人联机游戏，这之前要通过服务器才能实现的功能，又可以节省对服务器维护的人力和财力，极大地减少了运营成本。

在技术实现方面，主要有三个难点，一个是要实现无须联网就能多人联机，一个是多人之间稳定快速地传递数据，另一个是随意在屏幕上画出自己想画的东西。分别可以用 WiFi 热点，基于 TCP 连接的 Socket，Canvas 画图实现。虽然实现起来比较复杂，但是可以很好地满足玩家的需求。

在用户体验方面，我们的界面以郊外风光为背景，以欢快、清新为主题风格，并提供了多种动画，优化后的程序也使得程序非常地流畅，相信一定会提高玩家的用户体验。

（2）目标群体

适用于年轻人和学生群体，以及与孩子增进感情一起玩的父母。

3. 作品功能与原型设计

作品功能如图 1～图 6 所示。

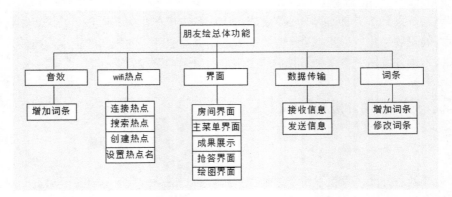

图 1 总体功能结构

WiFi 热点模块

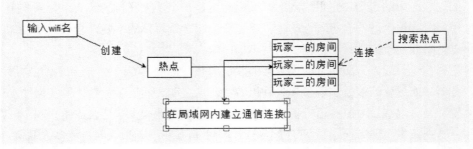

图 2 WiFi 热点模块

界面模块

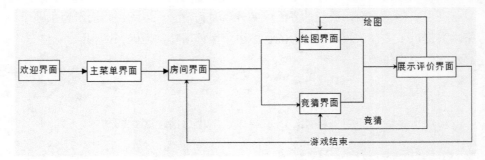

图 3 界面模块

数据传输模块

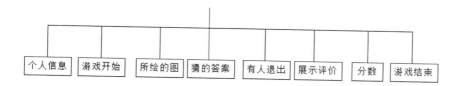

图 4　数据传输模块

词条模块

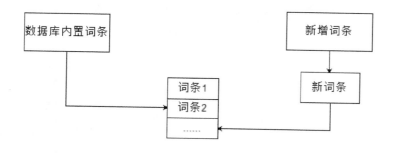

图 5　词条模块

音效模块

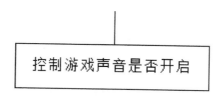

图 6　音效模块

原型设计如图 7～图 15 所示。

图 7　主菜单界面

图 8　增加词条界面

图 9　搜索房间界面

图 10　房间界面

图 11　绘画界面

图 12　设置画笔

图 13　抢答界面

图 14　玩家评价

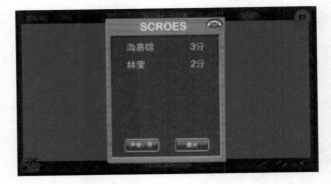

图 15　分数板

4. 作品实现、难点及特色分析

（1）作品实现

利用安卓手机可以产生 WiFi 热点的功能，在程序中动态地开启 WiFi 热点，搜索热点并连接热点，从而在这个由 WiFi 热点支持的局域网内形成一个多人"房间"，之后的游戏就会在这个"房间"内进行。

在玩家通过 WiFi 热点连接起来后，建立基于 TCP 连接的 Socket，用于游戏过程中的数据传输。

绘画采用 Canvas 画布绘图的方法，并通过一系列的接口提供画笔的颜色、粗细、修改、清屏、浏览缩略图等功能，并利用一些动画和 gif 动态图实现了比较好的与用户交互的效果。

（2）特色分析

改变了老游戏的传统玩法，为游戏增加了一些新鲜元素，借助于方便快捷的移动端的新形式，摆脱了对网络的依赖，满足玩家随时随地想玩就玩的需求，相信这款游戏也会在诸如朋友聚会等场合对活跃气氛起到重要的作用。

（3）难点和解决方案

①实现无须网络的多人联机。现在的很多联机应用都会依赖于网络，而在很多时候我们是会处于网络状态不太理想甚至没有网络的地点，这就严重妨碍了玩家的使用。鉴于这种情况，我们以实现无须网络就能实现多人联机为出发点，选择了通过手机建立 WiFi 热点形成一个局域网，然后在这个局域网内实现玩家间的交流的解决方案，但是安卓官方的 api 并没有为开发者提供方便的开启、搜索热点的接口，这就使得对 WiFi 热点的操作也成了一个难题，通过上网查阅资料和请教指导老师，我们最终采用了通过 Java 的反射机制来操作WiFi 热点的创建，搜索和连接的功能，并通过对一些特殊情况的处理实现了稳定的连接。

②界面更新和后台逻辑同时进行。因为我们的游戏不需要服务器，而是由手机充当服务器的角色，这就使得处理逻辑和界面更新，与用户交互的处理要相互协调，同时还要维护代码的整体结构和可扩展性，经过一番尝试，我们对这部分采用了面向对象中多态，设计模式中的模板，策略模式的思想，使得功

能实现的代码结构比较清晰，也有一定的可扩展性。

③画布的扩展。考虑到目前手机的屏幕尚不能很好的通过手指来绘制图案，这就要求我们显示在屏幕上的画布只是实际画布的一部分，并且能够通过手势进行良好地控制，经过对画布绘制原理及过程的了解，配合自定义的手指滑动距离的检测，最终实现了画布的扩展。

④图像传输。由于我们这个游戏要实时更新图像，一直传输图片的话代价太大，所以，一开始我们想的是 5 秒钟传一次图片，但这样给用户的感觉十分不好，后来经过请教学长和自己研究，我们提出了以传递点来代替图片的方法，每一次的绘制都是画笔在你手指经过的点上来绘制一定颜色和粗细的线，所以，我们每当画完一条线之后，都会把画笔的信息和手指触碰了的点传递给其他人，再重现绘制的过程，这样传输的数据小了，画面更新也更及时了。

作品 19　Gamee

获得奖项	本科组二等奖
所在学校	华中科技大学
团队名称	Prime Studio
团队成员	唐振彪　沈冠初　杨慧莹
指导教师	欧阳芳
成员分工	

唐振彪　负责程序开发。

沈冠初　负责程序测试。

杨慧莹　负责界面及交互设计。

1. 作品概述

选题背景

在开始这个项目之前，我们实际上是在做一些迷你手游，这些小游戏以图形创意为主，简单易上手，很适合用来打发时间，但它们生命周期短，而且无法进一步地开发。这时我们就想到，为什么不做一个独立小游戏平台，让喜欢它们的玩家能在这个平台上不停地获取到新鲜感呢？

项目意义

Gamee　就是这样一个原创游戏日更平台——将独立手游开发者的作品推送到 Gamee 上，用户打开应用即可畅玩当天推送的游戏。我们两至三天会更新一个迷你游戏，而上一次更新的游戏则锁定并加入游戏库，如果用户喜欢它，希望把它保留下来，可以选择支付"一元"，将它收入囊中。

对于用户来说，我们提供给他们的是新鲜感。一个风格独特上手简单的小游戏可以提供的娱乐快速而短暂，也许只有几天，但我们的客户端动态更新，不断提供新游戏，用户在厌倦之前便接收到了新内容，无须更多搜寻过程，无须多余的下载删除步骤，我们保证了游戏风格和质量，只需要打开客户端，新游戏的排名、点赞、分享功能一并俱全。而以前玩过的游戏记录也会被保存下来随时供用户查看。

对于开发者而言，我们保证了灵感和创意的输出，能够让喜欢我们小游戏风格的用户聚集在 Gamee 生态圈中。而"一元买下游戏"也是我们有特色的盈利模式，用户支付一元买下一个喜欢的游戏，是一种收入保证，更是一种对开发者的肯定。

2. 作品可行性分析和目标群体

（1）可行性分析

从画面简陋却火遍欧亚的 Flappy Bird 到微信内置的小游戏——打飞机和神经猫，市场对这类小而精悍的手游接受程度可见一斑，一时间几乎人人都在玩，证明这类游戏是有相当大价值的。我们发布的游戏以趣味和创意为主，小而精悍，上手简单，适合用来打发时间或者和朋友一起玩。寿命周期较短的趣味游戏，适合在玩家玩腻之前被新的创意代替，这样的小游戏，大小在几百 KB 左右，更新时用户无须消耗大量流量或等待太久，在没有网的情况下也可以玩已更新的游戏。

但火得快，去的也快——原因是小游戏毕竟内容有限，用户黏性差；同时火不火得起来也有很大的随机性。我们创造的模式则完全不同，不依靠这种随机性，而是依靠我们游戏开发的整体素质。而在一个平台下，玩家玩的所有游戏共享货币和奖励，引入好友圈等设计大大增加了用户黏性。

在成本方面，二至三日更新一个游戏成本是否过大？完全不，我们压缩了开发一个游戏的时间，并且监测后台数据，受欢迎的小游戏将在过一段时间后再次上线。

（2）目标群体

适用于 12～28 岁的手机游戏玩家。

3. 作品功能与原型设计

作品功能如图 1 所示。

图 1 总体功能结构

用户注册

本应用目前采用易信登录（微博、微信、自有账号版本测试中），采用网页
Oauth 认证，提高安全性，减少用户重复记忆账号，方便获取好友关系和分享
应用。

用户信息

本应用采取经典的游戏用户界面展示方法，分别用图表和文字显示了用户
的体力和财富值，清晰直观。

游戏列表

充分优化的列表，采用卡片式布局，滑动流畅。

游戏信息

每日推荐游戏的展示。

拓展功能

二维码界面，用户分享界面。
原型设计如图 2～图 6 所示。

图 2　概述界面

图 3　主要功能界面

图 4　所有游戏界面

图 5　我的游戏界面

部分游戏界面展示

图 6　部分游戏界面

4. 作品实现、难点及特色分析

（1）作品实现

Gamee 代码基于 C++开发，适合多种平台使用。

（2）特色分析

基于 C++，lua 开发，实现快速更新和开发。

（3）难点和解决方案

大量自定义界面的实现。

作品 20　基于安卓平台的电子鼻系统

获得奖项	本科组二等奖
所在学校	龙岩学院
团队名称	云里物联
团队成员	林鹏辉　王　浪　陈净沂
指导教师	魏龙华
成员分工	

林鹏辉　负责项目架构的总体设计和项目实施计划，以及
　　　　ARM 开发板上各个传感器底层驱动的编写和网络
　　　　通信编程。

王　浪　负责手机 APP 的开发和界面设计。

陈净沂　负责本地服务器的开发。

1.　作品概述

选题背景

近年来，各大城市呼吸系统和心血管系统体检异常率上升明显。主要是由于空气中可吸入颗粒物污染导致，43%的城市居民表示曾出现心悸、疲劳、晕眩、呼吸困难等心血管系统异常症状。当前，"雾霾"已经引起广大市民的极大关注，而对于空气质量，人们最为关心的就是 PM2.5 的值。因为雾霾具有流动性，导致同一城市的不同地区 PM2.5 值也是不一样的，甚至室内和室外的值也是不一样的。这就迫切需要一个能实时实地监测空气质量的设备，使人们在出行时对空气质量判断有个更精确的依据。运用移动互联网技术建立空气质量体系，可以有效地监测空气中各项质量指标，并通过各个采集站点的数据汇总做出有效预测。

项目意义

空气质量是近年来大家所关注的热点问题。虽然气象局每天会发布城市空气质量指数，但这些指数只能总体上描述一个城市的整体空气质量，在实际情况中，市区和郊区的空气质量是有区别的。基于 Android 平台的电子鼻系统是用于对一定区域内的空气质量进行监测、分析和数据共享的系统，使得用户能够随时随地的了解空气质量信息。在不同区域安装若干个低功耗的空气质量监测模块，安全节能，系统从多个分布式环境监测节点收集空气质量数据，每个监测节点上接有若干传感器，传感器采集温度、湿度，可燃气体、二氧化碳、甲醛和 PM2.5 等数据，并且每隔 2 秒会给用户发送一组实时数据，同时在手机 APP 中绘制的曲线图能反映此前 5 分钟以内的空气质量状况。因此，本系统可以高效地监测空气中各项质量指标，还可根据室外的 PM2.5 的值来自动控制窗户开关（步进马达模拟）以达到保持室内空气质量的目的，并且可以监测煤炭矿井、厨房、浴室等装有可燃气体（如瓦斯、天然气等）的场所，确保生命财产安全。

2. 作品可行性分析和目标群体

（1）可行性分析

本项目充分利用现有技术对产品进行尝试经营创新，在人员配备和软硬件支撑上来说是完全可行的，也是成熟的。

市场产品销售多元化与价格相对低廉，生产成本较少，技术成熟，本项目开发到投产预计时长为一年，成本低，主要利用现有的资源和设备，当今市场对环保产品有较大的需求，加之智慧城市政策的影响，使得本项目风险相对较小。本系统成本低廉，其中硬件方面制作电路板费用为几十元，各类传感器约上百元；若批量生产则费用会更低。成本低廉是我们的一个极大优势，成本低廉能够在竞争压力强大的坏境下获取更多的利润。本系统采用的主控芯片，以及传感器都是目前市面上使用量很广的产品，技术成熟、稳定。

（2）目标群体

适用于广大群众，重点是对空气环境质量诉求较高的人群，如巷道矿井、室内装修净化、母婴房、大部分度假旅游景区等诸多方面。主要应用在矿井、旅游景区、众多公共场所，如政府部门、车站、小区、工厂，以及可以控制的私人空间。

3. 作品功能与原型设计

作品功能如图 1 所示。

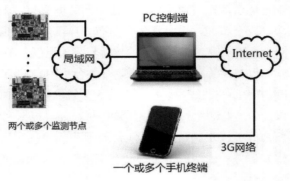

图 1　总体功能结构

手机端功能

程序登录。程序打开时会检测手机当前是否有可用的网络，如果没有可用网络，则弹出提醒用户跳转到网络设置界面的对话框，如果有网络则不弹出该对话框。由于室内节点是固定在室内，而且一户对应一个节点，所以，户主通过手机端 APP 输入正确的用户名和密码后，才能进入程序主界面登录查看其室内的环境状况和室外的环境状况。

数据的保存和查看。手机端能够查看实时的室内、室外环境的温湿度、可燃性气体、PM2.5 等信息，这些实时数据将保存到 SQLite 数据库中；同时手机端也能够将实时数据以统计图的形式显示出来。此外，用户可以远程控制监测节点端窗户的开关。如果监测端的环境数据出现异常时，则手机端会收到一条由服务器发来的报警消息通知，通知上会写明异常的等级和严重程度等，并且通知会持续到用户响应才停止响铃。

监测节点端功能

节点分为室内节点和室外节点，通过路由器将节点与服务器连接起来，节点的用户名和密码可以进行设置绑定。室内节点安装在室内，用来监测室内的环境状况，有温度、湿度、可燃性气体（防止煤气泄漏导致火灾及中毒），特别地，若可燃气体监测区域的溶度值超标，系统将检测其通风功能是否开启，若为关闭，则自动开启（步进马达模拟），并继续监测，否则将进行报警。而室外节点则监测室外的环境，有 PM2.5、温度、湿度。监测端能够从温度传感器、湿度传感器、可燃气体传感器和 PM2.5 传感器中读取当前环境的数据，并将数据发送到服务器端，服务器端进行数据分析与处理后，将结果推送至用户手机端。室内的窗户会通过室外 PM2.5 的浓度的高低自动进行关闭或打开(步进马达模拟)。一旦发现有异常情况，监测端将进行报警，报警信息分为轻微、中度、严重三个等级，报警等级的判断由当前环境超标的程度来确定，同时会把报警信息发送给服务器端。

服务器端功能

服务器端主要进行数据的处理和转发，是整个系统数据传输的枢纽和数据处理中心，可在系统工作时不干扰其他监测节点的情况下添加监测节点并与之建立通信。服务器将传感器收集到的信息进行大数据处理，并进行有效预测，将结果推送至用户手机端。

室内环境异常报警

当用户的室内环境出现异常，例如，甲醛浓度过高、火灾烟雾浓度过高等现象，系统将启动报警机制，将报警信息推送至 Android 手机端，并且试图自动调节环境，将风险降至最低。

远程关机、重启系统

当系统出现故障等问题时，用户可通过手机远程关机和重启系统来解决问题。

原型设计如图 2～图 3 所示。

（a）系统模块图　　（b）远程查询室内实时数据　　（c）远程查询室外实时数据

图2　远程查询空气质量和控制操作界面

　　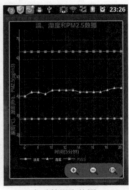

（a）选择查询　　　　（b）历史记录查询　　　　（c）实时数据走势图

图3　历史记录查询和实时数据走势图

4. 作品实现、难点及特色分析

（1）作品实现

系统架构

本系统主要包括三个部分：监测节点，手机端APP（基于安卓平台）和服务器端。并且通过无线路由器将三者连接起来，如图4所示。

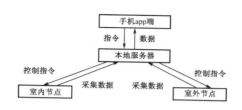

图4 系统架构图

手机 APP 端

基于 Android 的手机 APP 开发，采用了 TCP 套接字来传输数据，并通过多线程来实现实时的接收和发送数据。在 Android 中采用 Handler 机制，在非UI 线程中处理 UI 控件的状态改变，这样就能在界面中实现数据的实时变化，最后将数据保存到 SQLite 数据库中，如图 5 所示。

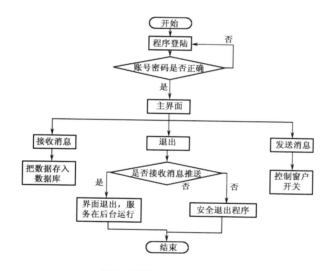

图5 手机 APP 开发流程图

监测节点

基于 Android 平台的电子鼻系统分为室内节点和室外节点，节点上接有各种传感器，室内监测节点是对温度、湿度、可燃气体（如瓦斯、一氧化碳）、二氧化碳、甲醛等进行检测和控制，而室外节点则监测小区周围的环境，如 PM2.5，温度，湿度，如图 6 所示。

图6　室内、外监测节点运行时实物图

本地服务器

　　本地服务器将室内、外的节点在分布图上以绿色方形状的点标注出来，点击分布图上绿色的点，如图 7 所示，如单击"室内节点"，可以查询室内温、湿度、烟雾等指标的数据和窗户的状态；单击"室外节点"，可以查询室外温、湿度、PM2.5 的数据，如图 8 所示。

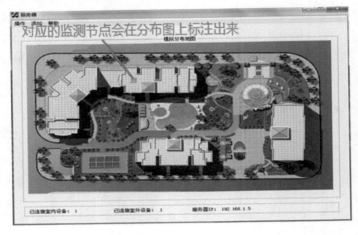

图7　本地服务器

图8　服务器端室内外节点的详细信息

（2）特色分析

①实时监测与控制。本系统通过物联网能实时监测温、湿度、PM2.5 等数据指标，并可以控制窗户的开关。

②稳定、误报率低。本系统采用延时报警功能，防止传感器因外界干扰出现偶尔的误报。实现方法是设立一个计数器，当环境不达标时计数器加 1，达标时清零。这样当计数器达到某一数值时，就判断一定是环境出现异常，而非传感器偶尔的误报。

③高效。本系统可以实时监测空气质量，每隔 2 秒会给用户发送一组实时数据，可以高效监测空气质量状况。

④操作方便简单。用户只要有一部普通智能手机即可，软件界面友好，不会有繁杂的设置。

⑤成本低。本系统采用的主控芯片，以及传感器都是目前市面上使用量很广的产品，主控芯片，以及传感器质量稳定、成本低。

⑥分布式数据采集。系统采集多个分布在不同地区的传感器数据，对其进行统计分析并进行相应预测。

（3）难点和解决方案

首先是 ARM 开发板上各个传感器底层驱动的编写，我们团队通过查阅传感器的相关资料和学习嵌入式 Linux 驱动的相关知识，完成了各个传感器驱动的编程。

将手机 APP 与硬件结合的模式在国内还算比较新鲜，因此对于这方面的资料也较少，而我们团队解决了这一技术难题。

作品 21　　想　你

获得奖项	本科组二等奖
所在学校	中山大学
团队名称	minius 队
团队成员	赵毓佳　陈上宇　黄　焕
指导教师	张子臻
成员分工	

　　　　　　　赵毓佳　负责产品策划。

　　　　　　　陈上宇　负责程序开发。

　　　　　　　黄　焕　负责界面设计。

1. 作品概述

选题背景

（1）物联网技术迅猛发展。

2013 年初，国务院发布的《关于推进物联网有序健康发展的指导意见》已经引起广泛关注，并在多个行业内引发强烈反响。物联网，即通过射频识别（RFID）、红外感应器、全球定位系统、激光扫描器、气体感应器等信息传感设备，按约定的协议，把任何物品与互联网连接起来，进行信息交换和通信，以实现智能化识别、定位、跟踪、监控和管理的一种网络。目前正处于高速发展的黄金期。

（2）移动终端高速智能化。

随着网络和技术朝着越来越宽带化的方向发展，移动通信产业将走向真正的移动信息时代。另一方面，随着集成电路技术的飞速发展，移动终端的处理能力已经拥有了强大的处理能力，移动终端正在从简单的通话工具变为一个综合信息处理平台，更为智能化的移动终端正在慢慢兴起，这也给情侣市场的智能移动终端增加了更加宽广的发展空间。

（3）远程交互需求旺盛，产品市场存在空缺。

团队调研结果显示，绝大多数受访人群在与亲人朋友相隔两地时往往会产生强烈的感情交流、互动的需求。现在市场上已有的解决远程交互需求的产品主要有两类，一类为纯信息化产品，如即时通信软件（QQ等）、通信产品（手机短信等）、SNS社交网络产品（微博等），这类产品能够解决情感交换需求，但是实际互动性不强，使用过程娱乐性和趣味性不足，且对两地使用者的文化水平和计算机操作水平要求都较高，大量的老人、孩童难以频繁使用。另一类为实物感情寄托产品，如物流体系（快递等）、邮政（明信片）等，该类产品时效性差，难以满足频繁的感情交流需求。

而针对远距离感情互动障碍最好的解决方案，便是基于物联网实现远程实物互动。而这类产品，目前市场上存在着巨大的空缺。

项目意义

（1）挖掘市场潜能。

通过市场调研，我们发现目前我国恋爱人数持续上升，青少年的恋爱年龄逐渐下降，与此同时恋人对恋爱消费品的消费能力也持续上涨，因此，我们认为情侣市场是一个人数庞大且极具潜力的细分市场。因此，通过开发新型私密化情侣社交软件"想你"来打造恋人用户的平台，再利用基于互联网的远程交互技术研发出与应用软件相匹配的智能交互灯具"小情灯"，两者结合，以其创新性和独有性开拓并占领市场。

（2）拓展特色功能，带给用户全新体验。

随着时代发展，人们物质生活日渐丰富，也越来越注重精神生活的品质，同时快节奏的生活使朋友和家人之间聚少离多，纯信息化产品已满足不了人们对精神交流的需求，因此"想你"在行业现有的信息交互方式如文字、表情、图片及语音的基础上，首创地加入虚拟人物互动，将信息交互中的情感表达具现化，可视化。使用者能通过屏幕上虚拟的自己与虚拟的对方进行语言、动作的互动来获得比传统即时通信工具更好的角色代入感，让情侣生活更有"情趣"。同时，远程交互智能灯具"小情灯"致力于满足以异地恋情侣为主要代表的分隔两地的人群的沟通互动需求，妥善解决了远距离情感互动障碍，成功配对使用的小情灯能通过颜色变化、闪烁控制等方式传递思念信号，成为一种感情传递的载体，满足情侣们的情趣需求。

2. 作品可行性分析和目标群体

（1）可行性分析

①产品特色鲜明，极具竞争优势。

"想你"突破了传统情侣软件的 UI 设计，以虚拟恋人甜蜜小窝为场景替代传统的五颜六色的聊天背景的突破性情侣软件，并且首创性地使用虚拟人物模拟的方式让对话双方打破了仅限于文字、声音、图片交流的局限性，加强角色的代入感，其温馨的动作互动功能不仅是对传统情侣软件的一个功能上的冲击，更能从用户体验上拉大我们的 APP 与同行业竞争对手的距离。

②产品功能突出，技术优势明显。

目前远程交互智能灯在国内的市场上尚未实现产品化生产及供应，还未形成规模化市场，因此"小情灯"进入市场时并不会遭遇坚固的行业壁垒与竞争威胁。同时，其实用性强、使用轻便、控制方便、功能多样（兼具远程交互控制与独立控制功能）的特点又能成为它的市场优势，而此产品也已申请实用新型专利，产品设计将受到法律保护。

③政策支持，环境趋势。

近年来国家对于互联网及新兴产业保持支持及鼓励的政策导向，为物联网技术及产品智能化网络化提供了良好的市场环境，同时，人民消费水平提高带来的对精神品质需求的提升也让我们的产品得以进入大众的视野，而互联网行业的飞速发展也为新兴 APP 进入市场提供了简单便捷的途径，伴随着智能通信设备覆盖率迅速扩张，APP 的商业化运营正在成为一种越来越热门的创业趋势。

（2）目标群体

适用于国内 18～35 岁的在校大学生、异地工作的恋人、夫妻。

3. 作品功能与原型设计

作品功能如图 1 所示。

图 1　总体功能结构

注册与配对

　　初次安装 APP 之后，需要进行配对。软件专为情侣设计，因此 APP 要求一定要两人配对才可使用。配对时可以填写"介绍人"，即为两人相识做出不可磨灭贡献的人（或称媒人），填写后将可以获得一笔虚拟货币收入，可用于后期在商城系统中购买心仪的装饰品和功能，丰富自己爱的小屋，如图 2 和图 3 所示。

图 2　注册与配对功能之登录界面　　　　图 3　注册与配对功能之注册界面

昵称和形象设置

　　用户可以为对方设置昵称，增添两人情趣，另外，任务形象设置是本软件的亮点。在配对成功之后，每人需要自己设置头像和虚拟形象，用户可以在手机相册挑选自己喜欢的、希望看到的照片作为头像，将于己方客户端显示及与对方聊天时己方发出信息时显示。如不设置则默认使用系统头像和小屋中呈现的虚拟形象。团队为虚拟形象提供头发、脸型、衣着等总共多达30个虚拟形象配件进行选择，而且随着版本更新，种类和搭配会越来越多，令用户能够打造出与现实中的自己最接近的形象或者最心仪的形象，如图4所示。

进入主界面

"想你"的主界面是两个人爱的小屋，配有书桌、台灯、日记本、日历、窗户、椅子、床等家具，其中大部分家具及物品代表特定的功能，用户可通过点击对应的家具或物品进入对应的功能。小屋中间有两人的虚拟形象（人物），点击自己将进入单人动作，点击对方进入双人互动动作，如图5所示。

界面左上角和右上角有两个功能图标，点击主界面左上角的图标可打开设置栏，点击右上角的图标可进入聊天界面。

聊天

沟通需求是情侣间最基本的需求之一，为此我们为情侣提供专门的文字、图像、语音传输服务，配备有持续更新的表情（后期）供其表达自己的心情，如图6所示。

图4　形象设置　　　　图5　主界面　　　　图6　聊天界面

组件功能

（1）日历与闹钟

在主界面点击日历，将会进入到纪念日功能。用户可以在这里设置两个人一些值得纪念的日子，例如，第一次约会、第一次牵手等。另外，用户可以选择一个纪念日在小屋主界面显示，例如，选择两个人在一起的日子，系统可以计算出两人已经在一起了多少天，并显示在小屋主界面的日历上，如图7所示。

闹钟提供的是提醒功能，用户可以借助闹钟设置相应的纪念日提醒或者待办事项。特别之处在于这个提醒功能是只有己方用户可见、对方不可见。我们认为这样更有利于用户为爱人创造相应的惊喜，"想你"应尽力为用户提供一个便利的平台，而不是替用户完成所有的情感交流，如图8所示。

图7　日历　　　　　　　　图8　闹钟

（2）日记本

日记本为用户提供记录自己心情文字及查看自己或对方心情文字的功能。文章中允许插入图片和语音来丰富内容，也允许伴侣进行回复。用户也可以设置自己的文章是否能被对方看到，是公开分享二人的甜蜜还是将小小的感动与幸福藏在心底，如图9所示。

（3）地图

地图功能允许用户查看己方和对方的所在地（需开启定位功能），并允许向对方发送距离。在两人即将会面的时候，地图功能不失为一种提升二人情感的方式。如图10所示。

（4）窗户

小屋窗户外的天气，显示的是己方所在地的天气。点击窗户，可以查看对方所在地的天气。对于异地恋的情侣来说，借助"想你"的实时天气功能，及时为对方送上恰到好处的问候和叮嘱，必能更好地传递感情与思念，如图11所示。

图 9　日记本　　　　　　　　　　图 10　地图

（5）床

点击床表示点击床的一方去睡觉了，再点击表示起床。如果两个人都在睡觉，房间的灯将会暗下来。可以记录己方的作息时间、查看对方的作息时间。后期版本的 APP 中将会特别增加卧室场景界面和更多与卧室有关的附加功能。

（6）相框

相册功能为情侣提供了线上存储二人照片的空间。用户可以挑选最心仪的照片设置为封面，即显示在小屋界面的相框内。在后期的社区分享、好友之间互相拜访功能中，前来拜访的好友将能够在用户的小屋里看到被设为封面的相片，并予以留言祝福，如图 12 所示。

图 11　窗　　　　　　　　　　　图 12　相框

（7）盆栽

初步仅作为装饰用。用户将能够在商城中挑选自己喜欢的植物，在 DIY 装饰小屋时进行替换。后期商城中所提供的植物将会与所在地天气、气候、节日等因素关联起来，不定时进行更新。

（8）隐藏功能：抽屉

抽屉平时并不能随意打开，在有节庆活动或其他特别活动时，抽屉里的隐藏功能才会允许用户打开。后期功能中将有一个抽屉作为惊喜之用，当用户希望给对方一个惊喜的时候，对方将会点击抽屉，即打开抽屉查看。

互动

（1）单人动作

点击小屋界面中己方的虚拟人物形象，可以选择表达个人情绪的指令，让虚拟人像做出相应的动作、表情，例如"在吃饭"、"生气了"等，虚拟人物将会对应地做出"在吃饭"或者"在生气"的表情及动作。与其他情侣 APP 通过仅有的几个字或者单纯的表情来表示用户情绪的方式相比，"想你"无疑更准确地抓住了用户的需求，并且在创新方面独树一帜，能更好地满足用户，如图 13 所示。

（2）双人互动

除了单人动作此项革新之外，"想你"更为情侣提供了双人互动的可能。在小屋主界面点击对方的虚拟人物形象，将会进入双人互动功能。用户可以选择"抱抱"、"亲亲"等动作指令，APP 中两个虚拟人物形象会随指令做出相应的动作，例如拥抱和接吻。在后期版本的 APP 中，更有可能随节庆，利用用户的虚拟形象打造一段与节日有关的小动画供用户来互传爱意。如图 14 所示。

增益功能

（1）小屋装修 DIY

在"设置"栏中可以选择进入商城。在商城中可以购买家具来装饰小屋，如墙纸、床单、地毯等；更可以购买附加功能来丰富 APP。对于情侣双方来说，只要一方购买，双方都是可以使用的。

在购买家具后，用户可以进入 DIY 功能进行小屋界面的设置。

在购买附加功能后，系统将会自动启用。如用户不希望再使用此项功能，可以在设置中关闭该项功能。系统将会保留该附加功能的购买记录，用户日后若想再用可以再启用。但保留的记录仅为用户购买时该附加功能的版本，如果该功能在用户停用期间有较大改动和更新，用户需要重新购买使用资格才能重新启用（未停用则继续默认使用购买时的功能，新功能也需重新购买）；停用该附加功能之后，与该功能有关的用户记录将全部在云端服务器中删除。用户在重新启用该功能时可以选择将手机里保留的相关数据重新上传到云端服务器（如果有相应数据的话），不过这将消耗一定的流量。

图 13　单人动作

图 14　双人互动

（2）甜蜜度（糖）与金币

"想你"APP 中虚拟货币设置如下。

用户配对成功时及初次使用各个功能时，系统都有相应的糖果、金币或等值家具赠送给用户。

"甜蜜度"是对情侣两人之间糖果的使用度的一种计量，使用多少糖果，则能获得多少相应的甜蜜度。

通过使用虚拟货币，用户可以在商城中实现对家具或附加功能的购买。

（3）设置中的再设置

用户可以在设置中重新设置己方的头像、虚拟形象和对对方的昵称，令爱情与时俱进、历久弥新。

（4）更多场景

在后期的版本中，APP 将会添加除小屋主界面外的多个场景来完善这个"家"，如书房、卧室、厨房等。同步推出的将有二人之间书籍、音乐、美食等的分享功能，更可能与其他 APP 或个人、公司合作，提供不定期的书籍推荐、菜谱更新推送。

（5）好友互访

用户可以访问好友的"想你"，同时好友们也可以访问用户的"想你"。在访问中，用户可以查看好友的小屋主界面及相应的相册封面（墙上相框里所显示的相片），予以留言祝福，与好友进行互动并获得一定的奖励。

（6）线上社区

线上社区允许用户将奇迹的甜蜜"晒"出去并接受众多"想你"APP 使用者的祝福，也可以与其他使用者通过互相留言进行一些交流。社区也会根据用户两人之间积攒的"甜蜜度"定期进行排名，排名靠前的用户可能获得系统给予的一些奖励。

软件外增益项目

（1）线上活动与线下活动的结合

后期在一些与情侣有关的节日中，"想你"APP 团队将会与相关的厂商、公司洽谈合作，如花店、巧克力公司等，使用户不仅能够通过线上活动与爱人进行互动，更能在线下以更实际、"看得见摸得着"的方式，把自己的心意更好地传达给对方。

（2）与硬件"小情灯"的关联功能

进行此项关联的主要组件是小屋桌面上的台灯。在实现关联后，用户便可在 APP 客户端通过对台灯的操控来对实际生活中的"小情灯"进行操控，如亮灭、颜色变换等。同时，用户在现实中直接对"小情灯"进行的操作，APP 客户端里的台灯也会同步进行更新。

硬件产品结构及功能

（1）产品内外结构

产品内部结构：智能"小情灯"以 STM32F1 作为核心技术控制芯片，内置交流电源、LED 灯和 WM-G-MR WiFi 模块，该模块可使任意两盏灯通过各自局域 WiFi 网络连接到中间服务器，从而进行数据的接法，即达到相连。

产品外部结构：整体由两个新型灯泡还有底座组成，主台灯内部是一颗 9 瓦的节能灯，互动台灯由一颗 2W 的 LED 七彩灯组成。另有一个 USB 插口、台灯和 WiFi 开关、一条电源线、互动及 WiFi 提示灯，如图 15 所示。

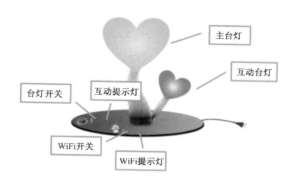

图 15　产品内外结构

（2）产品功能

"小情灯"是一盏基于普通台灯的照明功能，附加了互动台灯，用于异地情侣之间的远程交互、传递感情的台灯。用户可结合"想你"情侣 APP 进行使用，可使互动台灯发出成千上万种鲜艳的颜色。如图 16 所示。

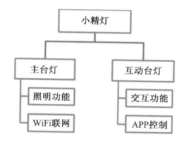

图 16　"小情灯"功能示意图

①主台灯。

照明功能——9W 节能灯，适合用户阅读、电脑办公等，而且性价比非常高。

WiFi 联网功能——主台灯的底座里有一个 USB 接口，用户初次购买时可以连接 USB 线通过特定的客户端设置 WiFi 的用户名和密码，打开 WiFi 开关后，台灯的 WiFi 模块即连入到了网络中。

②互动台灯。

交互功能——灯泡为一颗 2W 的全彩 LED 灯，当用户 A 的灯联到 WiFi 网络时，WiFi 提示灯呈现绿色，若用户 B 灯也连入到 WiFi，那么用户 A 灯的互动提示灯也呈现绿色。在配对的两盏灯都链接 WiFi 的情况下（此时用户 A、B 的 4 颗提示灯全为绿色），用户 A 打开主台灯时，用户 B 的互动台灯会发亮，此时若 B 打开自己的主台灯，则 A 的互动台灯也会发亮。

APP 控制功能——同步开发的情侣 APP "想你"可以对"小情灯"进行远程控制。互动 LED 灯泡是一颗全彩 LED 灯，用户 A 可以通过该 APP 来调节自己及派对用户 B 互动台灯的颜色，利用 RGB 分量调节原理，可以轻松控制灯泡变出用户想要的颜色、亮度，手指一划轻松搞定。

4. 作品实现、难点及特色分析

1）作品实现

本项目是基于 Android 平台开发的一款软件。初版要求兼容市场主流屏幕尺寸，以及分辨率。初版软件实现的功能是通过联网，一对情侣可以使用该软件进行互动、通信。

互动体现在游戏化的娱乐内容。如虚拟现实（人物动作系统）、状态显示、共同编辑日记内容，共同编辑纪念日，互相分享相册。通信体现在语音、图片和文字消息。

本软件还可通过服务器与心情灯联动。

2）特色分析

（1）软件特色

"想你"是一款突破传统情侣软件 UI 设计，以虚拟恋人甜蜜小窝为场景替代传统的五颜六色的聊天背景的突破性情侣软件，并且首创性地使用虚拟人物模拟的方式让对话双方打破了仅限于文字、声音、图片交流的局限性，加强角色的代入感，其温馨的动作互动功能不仅是对传统情侣软件的一个功能上的冲击，更能从用户体验上拉大我们的 APP 与同行业竞争对手的距离。

①虚拟现实（人物动作系统）。

操作主界面两个小人分别代表自己一方和对方，用户可以通过相关操作进行互动，如捏对方的脸，摸摸对方的头等。并且用户可以改变自己的装饰服装及整个小屋风格。

②即时通信。

对方天气实时展示，主界面的窗户显示对方所在地的天气，可以实时关心对方。

对方位置实时展示，主界面的地图模块可以看到对方的位置信息。

（2）软硬件结合特色。

①轻量化使用。

产品使用 WiFi 实现任意两盏"小情灯"之间的无限交互，摆脱 PC 的束缚。

②智能化控制。

"想你" APP 可实现对绑定的一对"小情灯"的控制，真正扩展物联网生活，大大提升用户体验。

③丰富化互动。

相互连接的两盏灯可以通过闪烁的七彩 LED 灯向对方传递开灯状态信息，还可以通过 APP 控制七彩灯颜色的搭配组合，给对方不一般的惊喜。

④个性化设计。

外观设计方式多样化，客户可以选择统一规格的大众版，也可以选择成对设计的情侣版，还可以指定刻字或情侣照送图实现外观设计 DIY，让恋人拥有专属信物。

3）难点和解决方案

（1）技术关键点

①socket 选型实现。

②listview 性能优化，聊天模块更新逻辑。

③位图内存优化。

④消息的本地和远程实时推送。

⑤布局适配，机型适配。

⑥跨平台通信协议的规范，与服务器、灯通信的相关协议。

（2）技术选型

①异步 socket 框架的搭建。

②MVC 框架使用。

③构建单例模式，观察者模式，监听器模式。

④实现 SD 卡，软引用，运行内存三层缓存机制。

⑤本地推送直接通过 socket 推给对方，离线的远程推送通过百度的云推送推给对方。

⑥listview 分页加载，按需加载。

⑦为实现跨 iOS 和 Android 平台之间的通信，一律采用字节流传输，服务器提供统一接口。

作品 22　基于增强现实的 LBS 云室内室外实景地图

获得奖项　本科组二等奖
所在学校　西北农林科技大学
团队名称　LBS
团队成员　高　阳　福　鑫　屈建江
指导教师　杨黎斌
成员分工

　　　高　阳　负责项目核心技术的实现。

　　　福　鑫　负责产品实现。

　　　屈建江　负责部分功能代码的完成。

1.　作品概述

选题背景

　　如图 1 所示，随着智能设备的普及，LBS 行业进入一个新的时期，人们大多数的移动设备使用在室内，如何实现室内环境的智能化，成为研究的热点。基于室内微定位的智能感知成为有效的解决方案。

❖ **随着智能手机的普及，以及移动互联网的发展，LBS进入一个新的探索期。**

图 1　智能设备普及现状

项目意义

　　整个项目未来的发展目标：提供基于 LBS 空间大数据的大数据解决方案，解决线下零售业的数据积累，以及后期的智能营销。

2. 作品功能与原型设计

　　作品功能如图 2 所示。

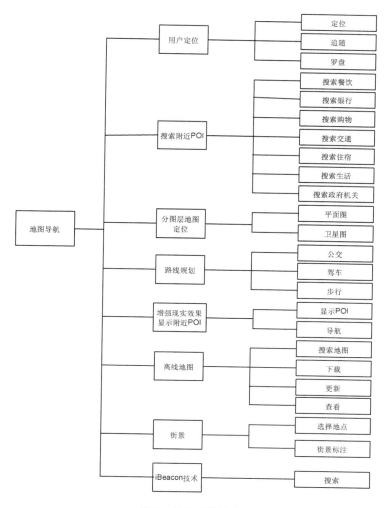

图 2　总体功能结构

原型设计如图3～图25所示。

图3　地图主界面

图4　街景城市界面

图5　城市子菜单界面

图6　街景界面

图7　街景选择界面

图8　图层界面

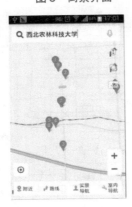

图9　搜索界面

图10　POI搜索结果界面

图11　退出界面

图 12　路线规划界面　　图 13　附近 POI 菜单界面　图 14　POI 二级选项界面

图 15　路线规划界面　　　　　　图 16　实景导航菜单界面

图 17　实景导航界面

图 18　公交路线查询界面

图 19　室内地图界面　　图 20　离线地图界面

图 21　离线地图查看界面　图 22　离线地图包搜索界面　图 23　离线地图下载界面

图 24　搜索 iBeacon 界面

图 25　商品显示界面

3. 作品实现、难点及特色分析

（1）作品实现

提供地图和基于增强现实的实景导航两种形式导航服务。基于增强现实的实景导航是通过增强现实的形式提供深度实景指引导航。同时实现 POI 信息搜索、路线规划、定位、公交查询、实时导航等服务。接入室内定位 WiFi 指纹库，室内定位支持 29 个城市 630 余家商场地图数据。内置 iBeacon 定位接口，支持基于 iBeacon 的室内定位请求，结合 OpenStreetMap 实现基于 iBeacon 的室内定位，实现基于室内微定位的用户数据积累，建立传感器与移动互联网融合的大型感知数据网络，实现室内 LBS 服务。

（2）特色分析

①基于 iBeacon，WiFi 的异构网络的室内定位算法，室内定位精度亚米级，已经申请专利。

②深度增强现实附件 POI，提供嵌入式的导航体验。

③iBeacon 可实现移动互联网与传感器网的完美融合。

④室内室外无缝导航。

⑤基于室内微定位的智能感知系统。

（3）难点和解决方案

①难点：室内定位算法精度。

解决方案:已经发明基于异构网络的室内定位算法,充分融合 WiFi、iBeacon 各自的信号优势，实现高精度室内定位。

②难点：数据的快速返回，大量数据的处理。

解决方案：基于百度云搭建服务端处理系统，实现基于 LBS 的空间云。实现快速检索返回 POI 数据。

作品 23　OmniBounce

获得奖项	本科组二等奖
所在学校	同济大学
团队名称	OmniTeam
团队成员	喻　帅　金程鑫　袁天野
指导教师	朱宏明
成员分工	

喻　帅　负责任务分派和主要代码编写。

金程鑫　负责关卡设计和代码编写。

袁天野　负责美术设计。

1.　作品概述

选题背景

近年来，手机游戏的流行程度越来越高，同时全球的独立游戏开发也越来越受到重视。此外，中国大陆地区游戏机禁令也在最近开始了解除的进程，这预示着国内的游戏市场将逐渐庞大。我们小组即是乘着这股热潮开发了这款名为 OmniBounce 的手机游戏。

项目意义

本项目是一个手机游戏，其目的在于使用户在闲暇时进行娱乐。这款游戏将怀旧题材——打砖块游戏与现代手机交互方式——重力感应相结合，使得玩家能以新颖的方式体验旧时的游戏乐趣，用重力控制弹板来把范围内的砖块都打掉。同时，如同游戏名称"OmniBounce"，本游戏将游戏区设置为圆形，玩家需要操控弹板保护弹球不落出这个圆形区域，从而要进行全方位的考虑，增加了游戏的挑战性。砖块中包含很多种道具，会对游戏产生增益或削弱的影响。总的来说，这是一款带有怀旧性质的、有一定挑战性的益智类游戏，能够锻炼玩家的反应能力与操作能力。

2. 作品可行性分析和目标群体

（1）可行性分析

开发软件技术已经非常成熟。从硬件上说，本游戏为 2D 游戏，对计算机的存储容量要求及图像处理要求不高。从软件上说，现在有很多种开源的游戏引擎库，可以将游戏开发的重心集中于游戏逻辑上。本小组选用游戏引擎 libGDX 作为游戏开发的基础。

（2）目标群体

适用于选择休闲益智类游戏的玩家，他们主要分为两类。

①核心玩家（Core Player）。这类玩家有着较长时间的游戏经验，大多数都接触过打砖块类游戏。而对于这款在操作、模式上有所创新的打砖块游戏，核心玩家会对其产生一定的兴趣。同时，本游戏的美术设计以怀旧像素风为主，一定程度上能够引起核心玩家的回忆。另外，这类玩家对游戏难度往往有一定的要求，那么本游戏的重力控制模式也基本能够满足他们。

②休闲玩家（Causal Player）。这类玩家纯粹以休闲娱乐为目的玩游戏，不一定具有很高的游戏素养。这款游戏本身的新颖程度足够吸引他们的注意力。本游戏也提供了触屏控制模式以降低难度，以照顾游戏技术并不是很高的玩家。

3. 作品功能与原型设计

作品功能如图 1 所示。

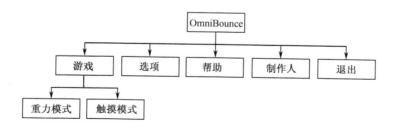

图 1　总体功能结构

游戏模块

游戏模块是本作品最核心的部分，包含全部的游戏逻辑，关卡管理，纪录管理。游戏共设置了 17 个关卡，关卡之间以树形的关系分布，共有 5 个层次的关卡分类，上一个层次的关卡过关后，可以解锁该关卡所对应的下一个层次上的叶节点的关卡，使得游戏的流程为一个线性递进的过程。同时游戏分为重力控制模式和触屏控制模式，这两种模式分别记录得分。

选项模块

选项模块提供对背景音乐和音效的音量设定。

其他模块

其他模块包含帮助和关于，只是为了向用户展示必要的信息，不涉及交互。原型设计如图 2～图 8 所示。

图 2　标题界面

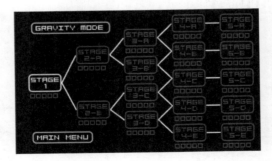

图 3　关卡选择界面

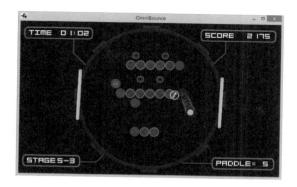

图 4 游戏界面

图 5 过关界面

图 6 选项界面

图 7　帮助界面

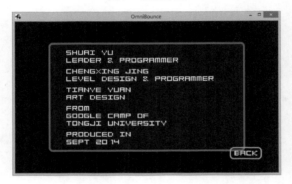

图 8　关于界面

4. 作品实现、难点及特色分析

（1）作品实现

本作品使用 Java 语言编写，环境为 Android SDK Tools + LibGDX。

（2）特色分析

本作品将怀旧题材与现代手机交互方式结合，以重力控制弹板环形移动。游戏中有多种道具提高游戏的趣味性与难度。

本作品代码经过规范构架，使用了恰当的设计模式，具有低冗余度，高复用度及优良的可扩展性。

本作品采用树形过关模型，最开始只开放第一关，每通过一关后，开放其后继的一到两个关卡。

（3）难点和解决方案

分辨率自适应：暂时采用固定分辨率。

粒子特效：使用 LibGDX 提供的粒子引擎。

碰撞检测：自己实现了轻量级的碰撞检测算法，快速高效。

作品 24　Cave Rush（深渊逃亡）

获得奖项　本科组二等奖
所在学校　华南理工大学
团队名称　Roselle
团队成员　何　斌　　杨金堂　　陈韦辰
指导教师　蔡　毅
成员分工

何　斌　负责游戏逻辑开发实现、部分数值设计。
杨金堂　负责游戏逻辑开发实现、Android 端 SDK 接入。
陈韦辰　负责游戏策划、文案整理、部分数值设计、游戏美
　　　　术设计、场景、UI 整合。

1. 作品概述

随着现代人娱乐需求的增长和移动设备性能发展，手游的市场也凸显出了前所未有的潜力。相比实现功能的目的性较强、约束多且泛滥的 APP，发散性较强且产品间相对独立的手游，让我们觉得有着更加大的发展空间。再者，我们作为较早接触电子游戏且在游戏的伴随下长大的 90 后一代人，对游戏或多或少抱有一定的情感且有着自己的见解。手游开发不仅仅是我们展现开发技术的平台，也是我们对游戏的见解和我们创造力的展现。

2. 作品可行性分析和目标群体

1）可行性分析

（1）确定客观硬性约束条件
有些客观的硬性约束不能被忽略且都会直接影响到项目的开发，包括开发周期和各种资源等问题。

项目从开始到初期版本完成交付时间周期大约为一个月不到，因此，我们不能考虑开发周期十分长的大型游戏项目。

由于我们只是学生团队，并没有充足的活动项目资金，没有优质的版权 IP，且没有大型服务器等硬件设备支持，因此，我们不考虑需要大量外包资源或需要强大后台硬件设备支持的游戏项目。

我们团队都为工科软件工程专业学生，虽然有对绘画和设计有一定了解的成员，但并非艺术设计类专业出身，再者考虑到约束条件，我们也难以考虑外包，因此美术方面并无法支持我们开发需要强大视觉、绚丽原画支持的游戏。

同上，我们并没有对音乐特别有见解的成员，且不能考虑外包，因此除了满足基本音效外我们难以考虑开发音乐类游戏。

以上为本次项目的主要硬性约束。

（2）确定大致游戏模式框架

不考虑 IP 的支持，总结了如下目前较为常见的手游模式：

①带有较强玩家间互动社交性和收集养成的网游手游（参考我叫 MT 等手机卡牌网游）。

②具有较强益智性的单机手游，分为不同级别关卡让玩家挑战（参考愤怒小鸟、割绳子等）。

③具有较强趣味性的单机手游，题材选择非常广泛，玩家在确定的游戏模式下可以不断挑战更高分数（参考 Flappy Bird、2048 等，更久远的能参考俄罗斯方块等）。

④模式较为传统的单机或 RPG 类手游，本身有庞大而丰富的画面音效和剧情等元素支持的大型 RPG 类或 FPS 等其他类型手游（参考部分国外大型游戏厂商发行的 RPG 或 FPS 游戏）。

⑤各种音乐、节奏类手游，有单机也有联网（参考早期 tap tap，近期腾讯节奏大师）。

⑥体育竞技类单机手游，需要较强大的画面和优秀的操作手感来支撑（参考各种 EA 出品体育竞技类手游）。

⑦简单的休闲养成类手游，有较强的趣味性且不需要太多的操作（参考某日本种蘑菇游戏）。

由于客观硬性条件约束，我们最终选择在模式 C 上进行下一步讨论。

（3）关于游戏题材创意收集讨论

团队成员一起通过头脑风暴模式提出自己的创意和构想，并将所有创意先统一记录下来，根据 1）和 2）确定的约束进行筛选和修改。考虑到开发周期、趣味性和游戏开发的可拓展性等因素，最终决定 CaveRush 的创意为最终采用创意。

①CaveRush 创意优点。

暂时市场上未见到有题材雷同且有名的游戏，原创性较强；

游戏核心为趣味性和挑战性，对美术资源要求高低可以根据风格调整；

游戏内容的丰富程度由游戏中的危险障碍元素决定，迭代开发和游戏拓展性非常强。

②CaveRush 创意缺点。

由于并无题材雷同游戏，所以并无非常好的参考，数值和实现细节都需要我们自己策划和摸索，在较短的开发周期下可能会带来较大的不确定性的风险；

游戏内容丰富程度由游戏中危险障碍元素决定，虽然提供了十分优秀的拓展性，但是开发前期危险障碍元素不足时游戏也会十分单调。

（4）实现技术

技术方面，团队过去接触过的引擎有 unity3d、Andengine、libgdx、cocos2dx 且有相应开发经验。其中 cocos2dx 作为近年发展起来的热门手游引擎，其强大的性能和运营团队技术支持给开发提供了巨大的便捷，较简单的跨平台实现也使跨平台开发工作大大减少。再者由于客观条件约束，我们选择 cocos2dx 作为手游项目使用的引擎进行 2D 游戏开发。

2）目标群体

适用于游戏爱好者。

3. Cave Rush 规则和流程设计

（1）游戏规则

①游戏玩法：探险家主角在巨型蠕虫追赶下向下沿绳逃亡，玩家扮演类似上帝的角色帮主角清理逃亡道路上的危险障碍，逃的深度越长得分越高。

②得分规则：得分根据探险家主角下落深度计算，得分单位为 m，即主角下降深度为 1:1 换算。

③障碍元素：玩家需要帮助主角清理逃亡道路上的危险障碍，不同种类的障碍有着对应的清除方法，玩家必须按照相应的方法来清除，如果不及时清除

障碍，主角会被阻拦无法继续逃亡或被部分危险的障碍元素直接杀死。

（2）游戏流程设计

游戏流程如图1所示。

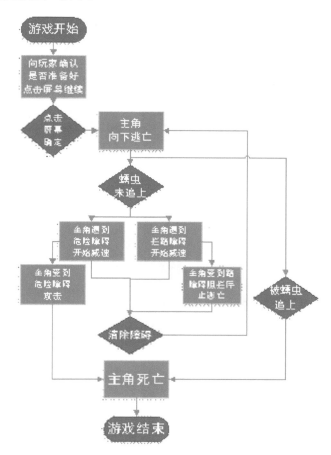

图1　游戏流程设计

游戏功能UI交互流程如图2所示。

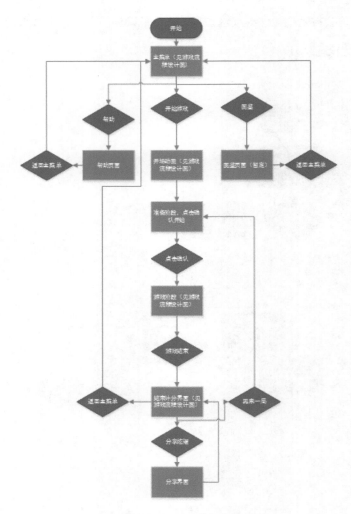

图 2　游戏功能 UI 交互流程设计

4. Cave Rush 元素和细节设计

（1）Cave Rush 的障碍元素

作为带有趣味挑战模式的游戏，Cave Rush 中的障碍元素设计大致遵循以下内容。

①要能阻碍主角前进或直接杀死主角。

②要在基本符合常识和大众认知的交互基础上进行天马行空的创造。

③不能对玩家过度阻碍造成游戏平衡性失调。

④要让玩家觉得元素的设定不会乏味。

⑤可以考虑加入各种清除方式，不单触控，甚至可以加入重力感应等操作方式。

⑥可以考虑把多种已有元素组合创造新的障碍元素。

（2）Cave Rush 的障碍元素列表

阻拦性质障碍不会对主角生命造成直接威胁，危险性质障碍会直接威胁主角生命，如表1所示。

表1　计划阶段的拟定内容

障碍名称	障碍性质	描述
带锁闸门	阻拦	需要触控拖动锁匙来打开通路
滑动闸门	阻拦	需要触控拖动打开闸门来打开通路
滚门	阻拦	需要触控使圆形滚门滚到正确位置打开通路
怪物	危险	需要使用旁边的武器击杀否则在通过时主角会受到攻击直接死亡
电流陷阱	危险	需要触控关闭陷阱旁的开关关闭陷阱，否则主角在通过时会直接触电而死
岩石墙	阻拦	需要触控不断点击岩墙敲碎岩墙来打开通路
食人花	危险	需要拖动旁边的火把点火烧死，否则靠近一定位置食人花会直接吃掉主角

未来迭代中将会加入更多的障碍元素。

（3）Cave Rush 关于巨型蠕虫

巨型蠕虫是游戏中一个独特的存在，它是游戏流程阶段的一个重要决定因素。巨型蠕虫的初始距离，以及蠕虫追赶速度与主角的逃亡速度间的关系，对游戏的平衡性、可玩性、难度都起着决定性影响。巨型蠕虫的具体数据需要在开发测试和迭代中不断完善。

巨型蠕虫数值设定初步拟定的几条规范如下。

①巨型蠕虫的最高速度不能超过主角的最高速度。

②巨型蠕虫的速度随着游戏时间的推移而增加，最高速度必须超过大部分玩家的平均速度，关于该数值曲线，需要在开发、测试和迭代中找到平衡点。

③巨型蠕虫和主角间的初始距离数值不能太近但也不能让玩家失去紧张感。

5. Cave Rush 美术设计规范

（1）Cave Rush 设计规范

①游戏采用竖屏显示。

②未拉伸缩小时界面规格：720（宽）×1280（高）。

③资源色彩规范：RGB-8 位。

目标为满足目前的大部分主流 Android 屏幕比例和 iOS 手机端屏幕比例（安卓机型过多屏幕规格样式过多无法全部都满足）。

（2）Cave Rush 美术风格

Cave Rush 美术资源将完全由团队内部设计绘制，除部分字体外不会直接盗用任何市场上或非市场上的其他游戏或设计师的现成设计或资源。

由于开发周期较短且 Cave Rush 游戏对美术资源的依赖性较强，因此 Cave Rush 将采用的美术风格也对项目进程有着十分大的影响。经讨论，Cave Rush 采用色彩涂鸦的纸片风格设计。

大致风格和设计初步拟定如下：

①以蓝色黑色为主基调凸显遗迹深渊内阴森环境。

②如无特殊效果需求则所有交互元素都以黑色为基调色。

（3）Cave Rush 初期阶段部分概念设计，如图 3～图 5 所示。

图 3 标题设计

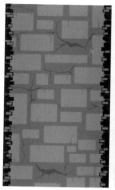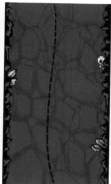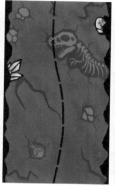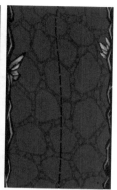

图 4　游戏场景概念设计

图 5　部分元素设计展示

6. Cave Rush 音效规范

由于团队最终也未招募到优秀的音效处理懂行人员，最终决定 Cave Rush 音效使用互联网上搜索到的无版权资源进行修改和截取。

7. Cave Rush 迭代记录

Cave Rush 迭代记录，如表 2 所示。

表 2　Cave Rush 迭代记录

创意或问题	类型	描述
岩石墙难度	平衡性问题	岩石墙的敲击 5 次才能敲碎，难度明显过高，需要降低
巨型蠕虫初始位置	游戏性问题	巨型蠕虫的初始距离 300m，前期给玩家的紧张感太低，需要降低初始距离
食人花难度过低	平衡性问题	食人花的吞食准备时间过长，速度过慢，基本吃不到，而且清理难度非常低

创意或问题	类型	描述
带锁闸门难度问题	设计问题	带锁闸门右侧锁匙的位置导致较难正确拖到
成就系统	功能扩展	游戏成就奖杯系统
计分标准	扩展创意	将深度计分模式改为分数计分模式，加入得分扩展元素，清除障碍会相应得分
加入技能系统	扩展创意	加入技能系统，能量槽通过搜集水晶或其他宝物获得，槽满后可使用技能，可大大增强游戏性
修改电流陷阱	游戏性问题	电流陷阱的开关现在是点击就会自动转动，但这样略显单调，建议改手动拖动转动
电流陷阱和其他元素组合	扩展创意	电流陷阱有很多可以扩展的地方，如和怪物或其他元素组合
难度分段提示以及多场景变换	扩展创意	加强了游戏难度阶段的提示，每过一段固定距离会提示玩家目前的深度，并根据难度提升玩家将体验到不同的场景
根据不同场景，加入场景特色机关障碍	扩展创意	根据场景变换，加入符合该场景特色的场景特有障碍机关，并对通用障碍机关根据场景变换进行特色化
社交平台分享功能	功能扩展	使用友盟 SDK，实现游戏在微信、新浪微博、QQ、易信等社交平台的得分与游戏分享功能
世界排名	功能扩展	使用 AVOS 云服务器，实现游戏的世界排名功能

作品 25　童年的纸飞机

获得奖项　本科组二等奖

所在学校　河北师范大学

团队名称　sky 筑梦队

团队成员　齐月震　李文慧　李冬雪

指导教师　祁　乐

成员分工

　　齐月震　负责人员的安排，以及整个项目进度的规划与协调，地图的铺设，算法的设计，以及总体框架的协调搭建。

　　李文慧　负责 UI 编辑及前期策划，设计各个游戏界面的排版及各项技能，各种纸飞机外形的设计。

　　李冬雪　负责帮助、暂停、购买等场景的代码实现，以及纸飞机在主界面的行为分析。

1. 作品概述

选题背景

　　当今社会，人们的生活节奏日益加快，面对的生活压力也不断增大，人们总是在试图寻找一种解压的方式，于是造就了手机游戏时代的辉煌。伴随着互联网的迅速崛起和通信技术的不断进步，手机游戏开始占据游戏市场的主流地位，越来越多的互联网公司投入巨资研发手游，未来的手游市场前景也不断被看好。年轻人是手机游戏的重要消费群体，了解年轻人对手机游戏类型、风格、态度等各方面的信息对于软件工程师明确游戏开发的方向具有重要的指导意义。因此，在今年 5 月份我们对年龄段在 15～35 岁的 500 余名群众做了手机游戏调研，数据显示：共有 28.15% 的人们表示自己最喜欢的是休闲益智类的游戏。

　　在大家的记忆中，最为美好的莫过于童年时期，于是开发一款与童年游戏相关联的益智类游戏的想法逐渐萌生。小时候我们都玩过折纸飞机，我们的心情总是会随着纸飞机的飘动而起伏，所以我们选择开发一款名为纸飞机的游戏，重力作用让飞机不断下落，人们可以通过晃动手机或者触摸屏幕控制纸飞机的飞行方向，此款游戏可以带人们回到童年，回味玩纸飞机的快乐。

项目意义

此款游戏以纸飞机为游戏主题，利用重力作用使飞机从上空坠落，玩家可以通过晃动手机或者触摸屏幕来控制纸飞机飞行的方向，进而获取金币，购买技能或者飞机装备。玩家通过此款游戏可以有以下几个方面的收获。

（1）可以在闲暇时间通过玩此款游戏放松心情，缓解压力，获得精神上的愉悦感和满足感。

（2）锻炼大脑和手指的协调合作能力，不仅可以提高大脑的随意应变能力，还可以加强手指的灵活度。

（3）能够重新体会童年玩纸飞机的乐趣，回忆起美好的童年，让思绪跟着飘荡的纸飞机渐渐飘远，回到那最美好的年代。

2. 作品可行性分析和目标群体

1）可行性分析

（1）经济可行性

此款游戏预计将在应用平台提供免费下载，对于纸飞机的命数没有给予限制，即可以无限制地根据个人喜好玩下去。但是要想获得技能持续随时间增长的特效或者选择更加漂亮的机型则需要一定数额的金币。金币的获得有两种途径：

①通过下载第三方软件得到，仅需要一定的流量，不需要实际的金钱，可以减少玩家在游戏方面的支出。在下载第三方软件的同时玩家也能接触到其他的应用，还可能会有意外的惊喜。

②通过金钱购买金币，这可以省去下载软件的烦琐，而且还能节省手机的内存。这主要是为一些工作比较繁忙，经济基础比较好的玩家提供的。

（2）模式可行性

此款游戏属于单机游戏，避免了很多玩家流量有限或者不能联网的情况，而且玩家可以多次重新开始游戏，每次记录下最高的分数，通过这种自我超越的模式更能激发玩家的兴趣，增加游戏的趣味性。

（3）技术可行性

此款游戏的主要编程语言是 C++，在 Cocos2d-x 框架下编写。它是一个开源的移动 2D 游戏框架，在 MIT 许可证下发布的。Cocos2d-x 发展的重点是围绕 Cocos2d 跨平台，Cocos2d-x 提供的框架。手机游戏，可以写在 C++或者 Lua 中，使用 API 使 Cocos2d—iPhone 完全兼容。Cocos2d-x 项目可以很容易地建立和运行在 iOS、Android、黑莓 Blackberry 等操作系统中。Cocos2d-x 还支持 Windows、Mac 和 Linux 等桌面操作系统，因此，开发者编写的源代码很容易在桌面操作系统中编辑和调试。

（4）组织和人力资源可行性

此款游戏主要由三名同学合作完成，耗时一年多，期间指导老师给予了一些适当的建议和指导。其中，李冬雪发挥美术特长，负责 UI 编辑及前期策划，设计各个游戏界面的排版及各项技能，各种纸飞机外形的设计；齐月震由于具有扎实的算法功底，所以负责地图的铺设，算法的设计及总体框架的协调搭建；李文慧则负责帮助，暂停，购买等场景的代码实现，以及纸飞机在主界面的行为分析。三人分工明确，定期交流心得和意见，使得人人各尽所长，项目如期完成。

2）目标群体

适用于 15～35 岁的人群。

3. 作品功能与原型设计

作品总体功能结构如图 1 所示。

开始游戏模块

如图 2 所示，游戏首页界面由"纸飞机"Logo、最高成绩记录、点击开始游戏按钮、升级按钮、添加星星按钮、声音设置按钮组成。点击开始按钮则会进入主游戏界面，开始游戏；点击升级按钮，会进入升级界面；点击添加星星按钮，会进入购买星星界面，共有两种方式：下载第三方软件赚取星星和网上支付购买星星；点击设置声音按钮，会对游戏音乐进行开关。游戏首页简洁易懂。

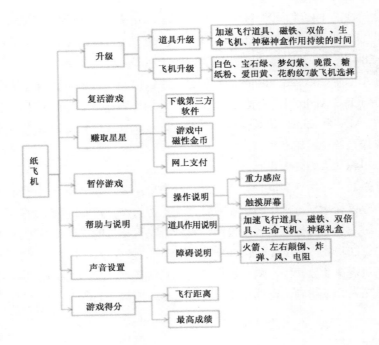

图1　总体功能结构

图2　首页

暂停模块

如图 3 所示，点击主游戏场景中的暂停按钮，则会进入图 3 显示的暂停界面，同时最高成绩也会显示出来，上方两个按钮分别控制进入游戏开始界面和添加星星界面；下方两个按钮分别进入升级界面和主游戏场景。

图 3　暂停模块

升级模块

升级模块主要包括道具升级模块和飞机样式升级模块。如图 4 所示，道具有 5 种类型：普通加速、吸附星星、双倍星星、生命飞机、神秘礼物，每种道具升级时都会逐级花费相应数量的星星；如图 5 所示，飞机样式包括白色普通、宝石绿、梦幻紫、晚霞、糖纸粉、爱图腾、花豹纹 7 种颜色的飞机样式，在选择飞机时会花费相应数量的星星。

图 4　道具升级模块

图 5　飞机样式升级模块

购买道具模块

点击下方普通加速图标和吸附加速图标，会出现如图 6 所示的购买道具界面，根据购买数量与购买种类的不同，花费星星数量也有所不同。

图 6　购买道具模块

帮助与说明模块

帮助与说明模块是在玩家不清楚各类道具和障碍物的作用时，用于查看与咨询的部分，如图 7 所示。

图 7　帮助与说明模块

道具说明：飞机吃到双倍星星后，屏幕上的黄色星星就会在一段时间内变成红色，并且一颗红色星星相当于两颗黄色星星；吃到普通加速道具，可使飞机瞬间加速；吸附星星道具相当于一个磁铁，玩家可以不必刻意去吃星星，便可将星星收入囊中；吸附加速道具是普通加速道具和吸附星星道具的集合体；神秘礼盒道具的效果不是单一的，两个飞机的效果就是它的一部分。

障碍说明：火箭从下向上飞行，并且会有一条光亮的警示线提示它的到来，飞机不慎碰到后会燃烧；左右颠倒障碍就是玩家如果点击右半边屏幕，飞机会向左边移动，反之会向右边移动，此为本游戏的一大特色。炸弹和电阻的作用相差不大，飞机碰到后会起火燃烧；风的作用就是吹动飞行中的纸飞机，给飞机产生一个水平方向的阻力。

特别说明：本游戏是竖屏游戏，主要通过手机的重力感应，凭借手势晃动来使飞机左右移动。由于考虑到模拟器没有重力感应，我们游戏开发团队特别加入了屏幕触摸操作，以屏幕竖直中心线为界，触摸屏幕左边，正常状态下的纸飞机会向左移动，反之，向右移动；然而，在真机上我们的游戏则有重力感应，玩家仅需左右颤动手机便可控制飞机左右移动。

游戏得分模块

游戏得分模块直接体现方式是飞机的飞行距离，更深层的意义是玩家控制飞机飞行的时间，坚持的时间越长，飞机飞行的距离越大，从而分数越高，如图 8 所示。

图 8　游戏得分模块

复活游戏模块

当飞机在初始状态下遇到电阻、炸弹、火箭等致命障碍物时会呈燃烧态，并且坠落时，玩家如果星星总数在 2000 个以上，就会出现"救我"按钮，点击成功响应后，玩家的飞机就会复活，并可以继续游戏，而玩家持有的星星总数就会减少 2000 个，如图 9 所示。

图 9　复活游戏模块

原型设计如图 10～图 18 所示，是我们纸飞机这个作品的主要游戏的部分截图，清楚地展示了本作品的道具、障碍物的效果。

图 10　飞机开场效果

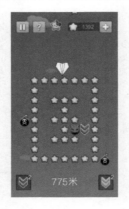

图 11　双倍星星

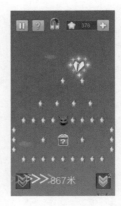

图 12　吸附星星

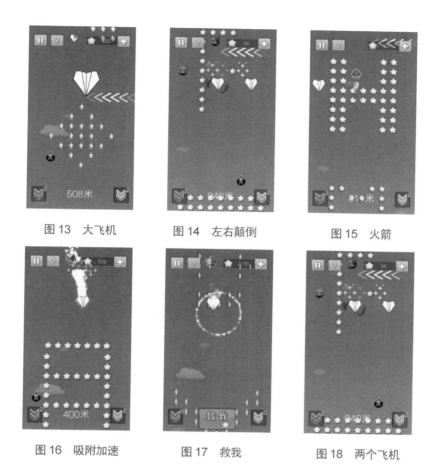

图 13　大飞机　　　　　图 14　左右颠倒　　　　　图 15　火箭

图 16　吸附加速　　　　　图 17　救我　　　　　图 18　两个飞机

4. 作品实现、难点及特色分析

（1）作品实现

本作品是借助 Cocos2d-x 提供的框架，用 C++语言编写的，同时使用 CocosBuilder 场景编辑软件完成了精灵、层、场景的布局。

（2）特色分析

本作品风格简单，操作便捷，没有难点、疑点，是一款受众面很广的休闲娱乐类的游戏。

对于界面设计而言，使用了 CocosBuilder 大大减少了我们的代码量，界面设计起来更加简单便捷。

对于游戏操作而言，支持手指触摸和重力感应两种方式，更具趣味感，为玩家提供了更多的选择。

对于游戏内容而言，两个飞机、大飞机、左右颠倒是比较新颖的游戏元素，带给了玩家意想不到的新鲜感。

（3）难点和解决方案

①游戏各个场景的切换和按钮的正确摆放。借助 CocosBuilder 场景制作工具。用编码实现和 Cocos2d-x 的良好结合。即节省了人力同时使得游戏场景优美、明了。

②游戏中星星金币，障碍物等的位置摆放。为了使玩家在玩游戏中正确摆放大量星星金币炸弹等障碍物的位置，将星星金币的位置保存在特定的 XML 文件中，程序一旦运行，便将星星金币等的位置数据信息加载到缓存中。这样使得游戏在运行过程中不会出现由于大量的数据调入调出，从而导致内存不足卡死现象。

③对游戏中飞机等部件的处理。游戏中的飞机采用单例设计模式，保证游戏只实例化一个飞机对象。星星金币，障碍物等采用帧动画，使得游戏中的部件有动态效果。分数的提升和死亡，采用碰撞检测处理。时时检测飞机的区域是否与星星金币或者炸弹重合，如果碰到的是星星则增加技能，如果碰到的是炸弹则游戏结束。

④内存和性能优化。如何能提高性能，减少内存占用率是我们遇到的最大难题。从小的方面入手提高游戏性能，如用图片集加载取代原来的单个图片加载形式，动态分配内存，图片像素大小的合理处理。

作品 26　ARound

获得奖项	本科组二等奖
所在学校	重庆邮电大学
团队名称	爱搞机
团队成员	姚龙洋　赵润乾
指导教师	张清华
成员分工	

姚龙洋　负责雷达模块、探索模块、个人信息模块和界面设计。

赵润乾　负责留言板模块、主菜单模块及算法设计，后台服
务器搭建和开发。

1. 作品概述

选题背景

随着移动应用的不断创新和发展，移动应用为人们带来了便利和贴心的
服务，也使得人们的娱乐生活更加丰富。一款好的移动终端应用，能够影响
和改变千千万万人们的习惯和生活方式。如何开发一款好的移动终端应用，
不断挑战着开发者们的思维和创新，但我们相信优秀的创意和应用始终来源
于实际需求。

由于移动终端的发展，基于位置服务（LBS，Location Based Services）的
移动应用越来越多，其技术也在不断发展和成熟。但目前绝大多数的 LBS 的应
用还主要以导航和地图为主。如何利用较为成熟的 LBS 技术，开发出一款新颖
的且与人们生活密切相关的应用，是需要思考的一个问题。

近些年，类似 Google Glass 和 Oculus 等虚拟现实穿戴设备的不断涌现，最
大限度地促进了增强现实技术（Augmented Reality，AR）的发展，越来越多的
应用开发者开始思考和探索如何将移动应用与 AR 技术相结合，打造出具有更
加优秀的用户体验产品。增强现实 AR 是在虚拟现实基础上发展起来的新技术，

是通过计算机系统提供的信息增加用户对于现实世界感知的技术，并将计算机生成的虚拟物体、场景或系统提示信息叠加到真实场景中，从而实现对现实的增强。它将计算机生成的虚拟物体或关于真实物体的非几何信息叠加到真实世界的场景之上，实现了对真实世界的增强。同时，由于与真实世界的联系并未被切断，交互方式也就显得更加自然。具有代表性的是谷歌眼镜。随着 AR 技术的不断发展、成熟和移动终端硬件的不断提升，AR 技术已经可以应用到移动终端上，带有 AR 技术的移动终端应用如雨后春笋般出现，且更新数量呈上升趋势。

然而 LBS 和 AR 技术结合的应用，在市场上少之又少，如何利用好 LBS 和 AR 技术，开发出一款与人们生活密切相关，并能够颠覆人们传统思维和习惯的应用，是本应用要解决的问题。

项目意义

"到此一游"这一不文明现象已经在各大媒体屡见不鲜，此种现象的出现是来源于用户希望在此地此景写下自己的评论或信息，这一需求可以通过 LBS 和 AR 技术的结合来实现。

有时候，我们通过写日记来记录自己每天的心情，或是借助其他软件发个心情和说说来记录自己此刻的感受。这些美好的感受是我们希望永远保留的，希望某一天自己回忆起来，也能够体会到写这些话语时的感受。然而时隔一段时间，当我们回首翻阅这些记录时，却很难回忆起当时的场景，忘了当时的景，忘了当时的地点。

有时候，我们通过刻画来记录自己曾经到过某个地方以此留下一些回忆。然而这些我们所刻的话语却破坏了当地的风景，剥夺了他人心中美好的感受，虽然这并不是我们所希望的。这些刻画，并不能带给我们什么回忆，当我们离开之后，又有谁会想起当时的心情和感受。当我们故地重游，再次回首追忆时，也许自己曾经刻画的话语，已经不复存在了。

也许，我们可以有一种更好的方式，来记录自己生活中的点点滴滴，记录自己这一路走过的痕迹。

2. 作品可行性分析和目标群体

（1）可行性分析

随着科技的不断进步，移动终端无论从硬件还是软件方面，都有了很大的提升。强大的硬件，为软件提供了有利的支持。Android 作为最广泛的移动端操作系统，其功能的强大和完善，开发的效率和便捷是其他平台所不能比拟的。

本应用采用 Android 开发平台，利用现有的 LBS 服务和 AR 技术，结合实际需求制定相应的处理算法，实现一个基于 LBS 和 AR 相结合的休闲社交应用。

（2）目标群体

适用于渴望通过绑定此地此景数据，进行信息和感受分享的用户。

3. 作品功能与原型设计

作品功能如图 1 所示。

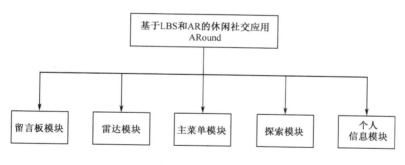

图 1　总体功能结构

留言板模块

留言板模块主要是用来展示用户在某地的留言，并伴随一张拍摄的照片作为 AR 识别的入口。

留言板界面主要分为"广场"和"附近"。"广场"子页面用来显示所有用户发布的留言板信息。"附近"子页面用来显示当前用户在固定范围区域内，可以通过 AR 识别对其进行回复的留言板。即只有当前用户到达指定地理坐标位置范围内，并对与图片所示的实际景象进行 AR 识别后才可以获得回复权限。

通过此方法可以保证，回复者处于此地并看到此景，以此获得共同的感受分享。

雷达模块

雷达模块主要用于在地图界面上显示当前用户坐标范围内可以进行 AR 识别的留言板信息。通过基于 LBS 的地图定位服务，用户可以更为直观的找到留言板的方向和具体位置。同时，凭借该雷达地图模块的引入，在后期可以开展线上线下相结合的类似于"寻宝"的活动。

主菜单模块

主菜单模块主要包括三个功能："新建留言板"、"AR 识别"和"附近"。"新建留言板"界面是用户用来创建自己的留言板。"AR 识别"是用来对当前范围内的留言板所绑定的景象进行增强现实的 AR 识别，以此作为对留言板回复的入口。

探索模块

探索模块主要是将 LBS 技术和 AR 技术进行结合，以此功能为基础，对虚拟与现实之间的交互方式，对线上和线下的连通交互，进行应用上的创新和探索。

该模块主要包括两个应用场景。

"纸飞机"：用户可将自己的留言通过"掷飞机"功能，进行"摇一摇"随机发送留言至某一地理位置坐标上，只有在该地理坐标范围的用户才能进行查看和回复。

"考勤机"：该功能主要是用于在实际生活和工作中进行考勤和签到。"新建考勤"可以绑定当前的本地地理位置坐标和时间，不断生成随机二维码图案。当用户使用与其对应的"签到"功能时，将启动相机界面，通过自定义的考勤二维码识别算法，进行二维码识别，若在规定时间和地点内识别成功，则将该用户信息记录到数据库中。

用户模块

用户模块主要包括用户登录和注册、个人资料、头像设置、消息提醒、用户的留言板、评论记录，以及应用的使用帮助和设置界面等。

其中，用户的"历程"功能主要通过记录一个时间轴的形式，来向用户更加直观地展示在不同时间和不同地点所建立的留言板信息。

　　原型设计如图2～图9所示。

图2　登录界面

图3　留言板界面

图4　搜索界面

图5　签到处界面

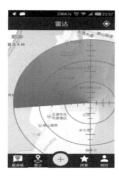

图6　雷达界面

图7　TimeLine界面

图8　留言界面

图9　取样界面

　　（1）进入主界面后，用户可以点击"+"按钮发布新的留言板和AR识别操作。发布后可以下拉刷新看到最新发布的留言板。虽然可以看到刚刚发布的留言板，但是需要稍等一会才能进行AR识别。新建的留言板要将图片传到AR云识别库，AR云识别库需要3～5分钟对图片进行取样，之后便可以进行AR识别了。

　　（2）如果你想对某一个留言板发表评论，必须满足两个条件：位置和AR识别。每一个留言板右上角都有一个数字，代表当前用户与该留言板的距离（单位：米），当数值小于3000米时，点进去留言板，会出现AR识别图标。

　　（3）当距离小于3000米时，在右上角会出现AR图标。进行AR识别时，若识别成功，会出现摇一摇提示，并有虚拟留言板出现，此时晃动手机，便可以进入评论页面（更多详细操作在视频中体现）。

4. 作品实现、难点及特色分析

（1）作品实现

本应用的实现主要基于 Android 4.4 SDK 进行 APP 应用开发，以此实现应用的界面展示，操作交互和后台逻辑事务处理。基于百度地图 API 为应用中的位置识别和坐标获取及转换提供 LBS 服务支持。利用高通的 Vuforia 云平台，通过 API 接口来对计算和存储采样图像的关键帧数据，对采样图像的质量进行判断，以及 AR 三维模型识别支持。

（2）特色分析

本应用从实际需求出发，对基于 LBS（位置服务）与 AR（增强现实）技术的 OTO 交互方式进行探索和实现。通过"地点 + 场景 = 留言"打造共同场景的共同感受。以此功能为基础，对虚拟与现实之间的交互方式，对线上和线下的接入，进行应用上的创新和探索。

由于本应用主要是对基于 LBS 和 AR 技术的功能结合创新，因此产生的创新点并不仅仅局限于本应用，这也正是本应用设置"探索"模块进行功能创新和探索实现的意义所在。

（3）难点和解决方案

实现过程中的难点主要在于以下三个方面：

①以何种方式将 LBS 与 AR 技术结合后的独有特性进行更好地应用和展示。

②如何保证 LBS 位置服务的准确性。

③如何快速对拍摄的图像进行数据采样和 AR 建模。

解决方案如下：

①我们以大家熟知的"到此一游"不文明现象为出发点，利用 LBS 和 AR 技术进行虚拟和现实之间的结合，将用户的留言通过增强现实的手段与此地此景进行入口绑定和展示。既满足了用户对于此地此景留言的需求，也可以有效杜绝这一不文明现象的发生。需要指出的是，该应用的使用场景绝不仅仅局限于"到此一游"的功能。

②随着 LBS 技术的不断发展，目前位置服务准确性和及时性已经得到了很大的提高。为了提高地理信息识别的准确性，定位服务采用网络+基站+GPS 混合定位模式，并在后台的坐标判断识别算法上进行了数据模糊处理和误差决策，最大限度地减少定位和坐标识别的偏差过大现象。

③图像数据信息的采样主要利用了高通的 Vuforia 云平台 API，进行云端计算和压缩，在图像处理结束后，将三维数据信息保存至我们的服务器中。AR 增强识别算法中的不确定性和误差处理主要采用了多粒度粗糙模糊集图像增强和识别算法，通过分阶层的图像粒度计算，保证了 AR 识别的快速性和准确性。

作品 27 跳跳龟

获得奖项　本科组二等奖
所在学校　河南大学
团队名称　鹏飞九天
团队成员　李虹杰　李东昂　王飞龙
指导教师　陈立家
成员分工

　　　　李虹杰　负责主程序开发及游戏布局设计。
　　　　李东昂　负责部分程序编写及音效设置。
　　　　王飞龙　负责游戏效果设计及图片的制作和处理。

1. 作品概述

选题背景

随着 Android 系统的出现和流行，越来越多的手机用户将目光转向了 Android 系统，该系统是以 Linux 为基础的开放源代码操作系统，其个性化、实用性与扩展性良好，受到了外界良好评价与使用支持。

"愤怒的小鸟"，"TOM 猫"等休闲小游戏的窜红，也在很大程度上带动了 Android 小游戏的发展，吸引了很大一部分的程序员投入到 Android 游戏的开发中去。

本款软件是一款操作简单、趣味性高的生存、设计冒险类游戏，用手指在屏幕上画出绳子让小乌龟不停地弹跳，吃掉水果，躲避障碍物，带来手指上的极致体验。

项目意义

手机的发展也带动了手机游戏产业的快速发展。在人们的生活中有许多的游戏，但是不同的游戏会带给玩家不同的感受和生活理念。游戏是人们日常生活的一个必不可少的娱乐项目，也带动了游戏相关产业市场的发展。

我们对于游戏的最大误解是，它们是逃避现实浪费时间的消遣活动。但10多年来的科学研究表明，游戏其实是最高效的时间利用方式。在游戏过程中人们的注意力高度集中，同时，会想尽一切办法去解决所遇到的困难，这一行为习惯渗透到生活中将大大提高人们对时间的使用效率。所有的游戏玩家都有过这样的体验：我们在游戏过程中总是失败时，会想尽一切办法去破除，利用一切资源，最后发现一种捷径去通关。这一过程大大激发了人们的创造性思维，有利于推动社会创新的发展。

同时，游戏的制作也提高了开发人员的编程能力和解决实际问题的能力，从各方面来说都是一次很不错的体验。

2. 作品可行性分析和目标群体

（1）可行性分析

①社会可行性分析。

随着信息时代的到来，各种移动设备已不新鲜，人们几乎时时刻刻都在使用着，那么他们除了用这些设备来处理一些工作上的事情以外，他们还会用来做些什么呢？很多人都会用来放松一下，也就是各种娱乐活动了，听音乐、聊天、看电影、玩游戏等活动就又有机会了。所以开发一个安卓系统的休闲小游戏是最符合当前人们的需要的。

②技术可行性分析。

ADT插件是谷歌公司针对Android开发人员专门设计运行在Eclipse中的。利用这个插件可快速、方便地开发一些安卓应用程序。有了这个插件，Android操作系统开发者可以创建移动设备在Windows平台下运行仿真，帮助我们测试应用程序的运行。只要有一定的Java基础，并且对Android有所了解，开发出一款小游戏应该也是不太困难的。

③经济可行性分析。

如今，安卓系统在移动设备上的占有率已稳稳占据第一的位子，想必在5～10年内很难有其他的系统能超越。有很多大型游戏软件厂商早已投入巨大的人力物力在安卓游戏的开发上，并且也获得了丰厚的利润。

此款休闲小游戏是个人开发的，投入少，但是有可能获得巨大成功，至少对开发者个人来说是可以收获很多编程经验的。

（2）目标群体

适用于安卓手机用户，老少皆宜。

3. 作品功能与原型设计

作品功能：我们这款游戏基于基本的物理原理，讲述了一个小乌龟一直有一个飞翔的愿望，用户用手指在屏幕上画出绳子让小乌龟不停地弹跳，吃掉空中的水果，躲避障碍物，完成它的梦想。本款游戏可以使用户不自觉地使自己与游戏中的主人公对应起来，拥有梦想，战胜挫折，挑战极限，变得更乐观、更富创造性、更专注、更加会树立野心勃勃的目标，在遇到挫折时变得更灵活。

游戏主界面

主人公在浅色调的背景下，呈现在玩家的眼前。就是这样一只跳跳龟，生动可爱的形象下也模糊地揭示了游戏的主题与玩法。在该界面中，有"开始"与"退出"按键，点击"开始"，即可进入游戏中，如图1所示。

游戏界面

游戏玩家需要不停地滑动手指画出绳子，当小乌龟下落到所画的绳子上时，会根据玩家画出绳子角度的不同，进行相应角度的跳跃。由于绳子具备有效时间，所以，玩家应把握相应的时间差。在游戏界面上方，设置了小乌龟的血量、跳跃的高度，以及连续吃到的水果个数。

关于主角小乌龟的血量。设置一定的血量，当小乌龟跳跃时碰撞到障碍物或者落入界面下方的一排钉子区域时，血量会相应地减少，直到血量为零时，游戏将会结束。而游戏中除了有冰块与钉子的阻碍外，小乌龟也吃到掉落的生命果，那么它的血量也会有相应的恢复。而当连续吃到两个相同的生命果时，小乌龟将会获得一个加速，跳跃高度将阶段性地不断攀升，并且在此期间小乌龟处于无敌状态，即没有血量的增加和减少。当乌龟碰到气球时，气球会带着乌龟向上飞，此时可以左右晃动手机来调整向上飞的方向，而当遇到障碍物时气球就会爆炸消失；要注意蜘蛛哦，它会根据乌龟的方位而缓慢靠近；当乌龟跳入一个火圈里面时，也会得到一个保护罩，在一定时间内无视障碍物，直至消失为止。但若没有跳入火圈里面时，就会被火焰烧到，血量将减少。

关于跳跃高度，在界面中相隔一定的高度设置一个旗子，以记录小乌龟在游戏中的跳跃高度。在小乌龟吃水果的同时，游戏设置当连续吃到相同的水果时，小乌龟将会加速跳跃，跳跃高度阶段性迅速攀升，如图 2 所示。

在进行游戏过程中，可以通过 Back 键，进入游戏的暂停界面，实现游戏的暂停。同时，在该界面中，也可使游戏重新开始或者直接退出本游戏，如图 3 所示。

图 1　游戏主界面

图 2　进行界面

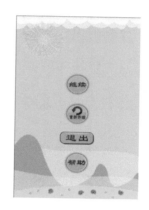
图 3　暂停界面

游戏失败界面

当游戏主角小乌龟的血量减少为零时，即意味着游戏的失败。在该界面中，显示出游戏玩家操作小乌龟跳跃的高度，即游戏得分。当在任意区域点击时，即可选择重新开始游戏或者直接退出游戏，如图 4 所示。

游戏分享功能

在游戏玩家得到游戏得分时，可以将得分及时分享给自己的 QQ 好友或者微信好友，如图 5 和图 6 所示。

图4　失败界面　　　　　　图5　分享菜单界面　　　　　图6　分享成功界面

4. 作品难点及特色分析

（1）特色分析

①生动精美的游戏画面。

2D 游戏发展到现在，对画面的要求已经很高了。本游戏的画面在手机屏幕的分辨率下将力求实现较佳的效果。选取生动可爱的小乌龟作为游戏的主角，通过作图软件，将小乌龟的跳跃、下落、障碍物冰块与钉子等动态描绘得较为形象生动。同时各个界面的设计也突显出生动可爱的特征。

②与游戏主题及背景音乐的有效融合。

现如今的游戏多以火爆战斗，火爆的场面居多。本游戏以简洁欢快为主题，在选择背景音乐的时候，充分考虑到与主题的结合，因此音效与背景音乐的效果也是活泼轻快的。由于主题与背影音乐的彼此融合，游戏玩家在该主题下有更好的律动性，在游戏中收获更多的欢乐。

③与游戏玩家的有效互动。

本游戏中小乌龟的每次跳跃都需要玩家画出绳子，通过把握绳子的不同角度，决定小乌龟跳跃的角度，进而时刻躲避蜘蛛和钉子。在轻快的节奏中，即时的与玩家实现了互动。小乌龟在不停的躲避时，跳跃的高度也会不断地攀升，玩家会产生相当的成就感，则互动效果更加明显。

（2）难点和解决方案

难点一：单线程代码过多，游戏不流畅。

解决方案：采用多线程。

难点二：View 动画帧率过低。

解决方案：使用 SurfaceView 动画。

难点三：在乌龟的在横向反弹过程中横向速度会持续增大，最终造成乌龟在屏幕中无限制左右反弹。

解决方案：设置最大速度和速度衰减。

难点四：游戏中背景图刷屏不正常。

解决方案：经过分析，发现是两张背景图不能完全覆盖屏幕，用三张图实现完全覆盖屏幕。

难点五：用触屏监听来监听按键，当页面跳转后紧接着会有触屏响应。

解决方案：用标志位实现短暂延时，监听 ACTION_UP 动作。

难点六：Back 和 Home 键。

解决方案：屏蔽 Back 键，自定义处理方法。

利用 Activity 的生命周期，当点击 Home 键时直接退出游戏，避免后台运行。

作品 28　Android 远程控制 PC 系统

获得奖项　本科组二等奖
所在学校　南开大学
团队名称　新开梦之队
团队成员　康　森　王　亮
指导教师　俞　梅
成员分工

康　森　负责整个程序的 UI、程序构架和代码编写工作。
王　亮　负责整个程序的测试，体验和意见反馈。

1. 作品概述

选题背景

大多数情况下，我们使用计算机都可以坐在计算机跟前，使用鼠标控制计算机，但是，有些特殊情况，使我们不能一直近距离操作计算机。

例如，老师讲课的时候需要边讲课边走动，与同学互动，在这时要操控课件就非常困难，要么时不时地走上讲台操作电脑，要么就需要无线的键盘和鼠标，老师还随时抱着无线键盘和鼠标走动，严重影响上课效果。而如果此时可以使用 Android 手机等设备远距离操控电脑，并可以向电脑输入文字等信息，那就极大地提高了教学效率，加上 Android 手机等设备可以实时接收电脑当前显示的图像，甚至使得远程教学成为可能。

再有，工作人员需要参加网络会议，而此时手边没有电脑，那么这个 Android 手机 APP 就可以派上用场了，不论你是会议主持者，还是会议倾听者，都可以通过这个软件远程连接到会议电脑，主持或观看会议情况。

还在使用老掉牙的手柄玩游戏，那实在是太 OUT 了，随着游戏的发展，虚拟程度对现实的还原越来越逼真，不仅有视觉上的操作反馈，更有感觉上和操作上的反馈。例如，玩《极品飞车》游戏，要是能模拟方向盘控制车的方向该有多好，虽然有这种专业游戏手柄，但是价格不菲，而只要使用 Android 手机运行此 APP，就可以让手机瞬间变成功能强大的专业游戏手柄，使用手机的各种传感器，使得对游戏的操控更加逼真，这里就可以通过摇动手机来控制汽车的方向，是不是很炫！而且其他功能完全与实际的游戏手柄一样，操作非常方便，功能强大。

有时候我们需要通过延时来关闭或待机电脑，例如，我们还有些工作没有完成，电脑正在运行中，而此时已经不需要人为的干预，想让电脑完成预定的工作之后自动关闭或待机，此时我们就可以使用此 APP 远程控制电脑的延时关机，并且在关机之前还可以实时地查看电脑的运行情况，对关机的时间做出更改，以便高灵活度地控制电脑的定时关机。

综合以上的需求背景，Android 远程控制 PC 系统应运而生。

项目意义

基于 Android 手机设备，采用 TCP 和 UDP 协议编写的网络远程监控电脑的软件，采用多线程管理，最多可以 10 台手机同时控制一台电脑，实现从电脑桌面图像到安卓手机的实时传送，可以控制电脑的鼠标、键盘，向电脑输入文字，可以远程操控电脑，就像坐在电脑前一样方便。还可以遥控电脑的关机、重启、定时关机等。还有游戏手柄功能，加上加速度传感器，可以摇晃手机来控制游戏的方向，能够将 Android 手机设备变成一个虚拟的游戏手柄，而且是远程手柄，摆脱手柄线的限制。可以彻底脱离近距离鼠标的限制，不像无线鼠标那样一般在 10 米的有效范围内才行，只要连接到网络，在任何地方都可以操控电脑，使得在不方便接近电脑的时候操控电脑成为可能。

通过本软件就可以让操作电脑更加人性化、简单化、方便化，极大地提高了工作和学习效率。所有的游戏玩家都有过这样的体验：我们在游戏过程中总是失败时，会想尽一切办法去破除，利用一切资源，最后发现一种捷径去通关。这一过程大大激发人们的创造性思维，有利于推动社会创新的发展。

同时，游戏的制作也提高了开发人员的编程能力和解决实际问题的能力，从各方面来说都是一次很不错的体验。

2. 作品可行性分析和目标群体

（1）可行性分析

随着人们生活和工作节奏的加快，生活工作中越来越离不开对电脑的操作，电脑的出现显然提高了我们的生活和工作效率，虽然智能手机的功能越来越强大，但是有些工作还是离不开电脑，必须利用电脑的强大处理能力才能完成。然而，电脑有一项致命的缺点就是没有智能手机那样携带方便。那么当你想使用电脑来完成工作的时候，而身边没有电脑，或者不能一直坐在电脑跟前，你应该怎么做呢？现在，这个软件就派上用场了，可以让你远离电脑的时候还可以操作电脑，就像坐在电脑跟前一样，是不是很方便？

举个例子，例如，在课堂上，老师讲课需要边走边讲，和学生互动，现在都是使用多媒体课件来讲课，那么此时老师的处境就很尴尬，要么走下讲台离开电脑和同学互动，要么只能留在讲台操作多媒体课件。虽然现在有专门的操作笔可以在安装好之后使用硬件操作电脑，但实在是不方便，价格昂贵而且安装麻烦，还得专门留一个 USB 接口给接收器。随着 Android 手机的普及，每个老师基本都有 Android 手机，要是能使用手机操作电脑岂不是效率更好，使用更方便？可以借助手机的触摸屏操作电脑，是不是非常方便、非常人性化？

当然，以上只是小部分的使用场景，还可以用在其他很多地方，只要能想到就可以使用。

另外，本软件还有其他的功能：远程文字输入、系统特殊键、定时关机、休眠、重启、无线游戏手柄等。

兼顾工作、学习和娱乐各个方面的方便使用，给工作、学习和娱乐带来极大地方便体验。

（2）目标群体

适用于多媒体演示工作者、游戏爱好者、教师等。

3. 作品功能与原型设计

作品功能如图 1 所示。

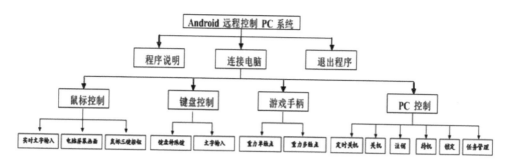

图 1　总体功能结构

如图2～图7所示，是 Android 手机端软件的运行界面。

图2　主界面

图3　显示控制界面

图4　游戏手柄界面

图5　控制 PC 功能界面

图6　特殊功能键界面

图7　功能键输入界面

整个系统分四大模块：鼠标控制模块、键盘控制模块、游戏手柄模块、功能控制模块。

如图 8 所示，是电脑端软件运行界面。

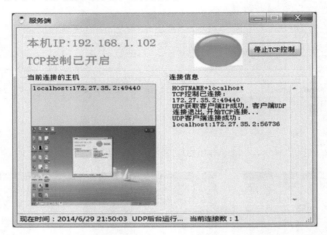

图 8　电脑运行界面

左上角显示的是本机的 IP 地址和当前使用的通信协议，没有连接到控制端时，UDP 后台运行等待连接，获得 IP 和端口号，连接后 TCP 启动用来接收控制命令。

右上角是控制功能的开关，可以开始和停止手机对电脑的控制，没有控制时显示灰色灯，有控制时显示绿色灯。指示灯的右边是控制按钮。

中间左边是列表框和图像显示框，用来显示当前连接上的手机设备的 IP 和端口，图像显示框实时显示当前电脑屏幕的截图，用来调试校验匹配。

中间右侧是文本框，显示手机发送来的所有控制信息，可以看到当前的控制情况和连接情况。

最下边是状态栏，显示当前的时间、UDP 运行情况和当前连接的手机数量。

总体功能使用介绍

如图 9 和图 10 所示是电脑服务端和手机控制端主界面截图。电脑服务端接收手机端发来的信息，做出相应的处理，来控制电脑的运行。

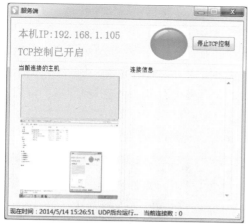

图 9 系统启动主界面

图 10 系统控制主界面

首先要连接电脑，在局域网的条件下，不需要手动输入电脑端 IP 和端口，采用 UDP 广播协议自动获取服务端 IP 和端口，在广域网的时候就需要手动输入服务端的 IP 和端口号了。然后点击"手机连接电脑"就通过 TCP 协议连接到电脑了，然后选择相应的功能就可以控制电脑了。

使用方法：在局域网的条件下，不需要手动输入电脑端的 IP 和端口号，直接点击"获取电脑 IP 地址"按钮就可以获取电脑端的 IP 和端口号了，显示在电脑 IP 和端口号输入框中。如果不是在局域网，需在电脑 IP 和端口号输入框输入 IP 和端口号，这里端口号采用固定值 6000。

输入完 IP 和端口号之后，点击"连接电脑"按钮，连接到电脑端，就可以对电脑进行控制了，APP 主界面中间的 4 个图片按钮就是相应的功能，选择相应的功能按钮可以实现对电脑的相应控制。

鼠标完全控制功能

连接到被控电脑之后，点击鼠标控制按钮，进入电脑控制，手机屏幕显示电脑的桌面图像。直接在手机屏幕上滑动就可以操控电脑鼠标的移动，点击屏幕就可以控制鼠标的左键单击。为了使控制具有鼠标的全部功能，在屏幕底部放上了 3 个 frame，分别用来操作鼠标左键、鼠标右键、鼠标滚轮，具体的操作方式与实际鼠标的操作方式一样。对电脑的操作会实时地传送到手机屏幕显示出来。充分利用 Android 触摸屏的便利操作，可以以触屏的方式操作电脑，极具人性化和操作简便化，就像给电脑加上一块移动触摸屏一样便捷。

关于电脑屏幕图像在手机屏幕的显示有两种方式。

（1）直接传送整个电脑屏幕，没有采用分块传送技术。

如图 11 和图 12 所示。在一般的控制方式下，由于手机屏幕远远小于电脑屏幕，如果把电脑屏幕全部显示在手机屏幕上，会对图像大尺度压缩，文字变小，比例失调，而且很难看清屏幕上的字，模糊不清，就连找到鼠标的位置都很困难，一般这种显示方式用在需要观察电脑全屏，不求清晰分辨的时候，例如，实时显示电脑全屏播放视屏的情况，以一个概括的方式显示电脑屏幕。

图 11　非分块传送电脑屏模式　　　　图 12　非分块传送手机屏模式

（2）采用屏幕分块传送技术的截图，只显示鼠标所在的手机屏幕大小的桌面。

如图 13 和图 14 所示。在实际的控制过程中，通常是显示电脑桌面的一部分，一般是手机屏幕大小的部分，本设计就是采用屏幕的分块截取技术，以鼠标为中心，截取手机屏幕大小的图像传送到手机显示。另外，本程序可以使用各种不同屏幕的手机，因为在该 APP 启动时，将自动获取手机屏幕的大小，发送到电脑端。这样，只需要显示要控制的区域即可，既省流量，又可以清晰地看到电脑屏幕。

所以，手机屏幕可以显示整个电脑屏幕，或者显示电脑屏幕的一部分，可以根据需要使用相应的功能。

图 13　分块传送电脑屏模式

图 14　分块传送手机屏模式

（3）鼠标的控制。

如图 12 和图 14 所示的手机屏幕，除了可以实时显示电脑的屏幕图像之外，还能模拟鼠标的操作，手机屏幕的最下边是鼠标的三个按键，分别是左键、中间滚轮、右键。另外，在屏幕上直接触摸也可以操作鼠标的移动，单击。例如，在手机屏幕上滑动，就可以控制电脑鼠标的移动，在屏幕上单击，相当于单击鼠标左键。

（4）直接向电脑输入文字。

向电脑输入文字有两种方式：一是在鼠标控制显示界面直接调出软键盘，将文字直接输入到电脑鼠标所在的文本框中，这种方式采用实时传送技术，每拼写好一个字符或汉字都会立即显示在电脑上，就像直接使用键盘打字一样，用户体验效果非常好，如图 15 所示。

图 15　用手机软键盘直接向电脑输入文字

键盘控制模块

在特殊功能键界面输入，先将要输入的文字输入到手机的文本框中，然后再按下发送按钮，一次性地将多行文字输入到电脑，适合一次性输入大量文字的情况。

当然，特殊键界面最主要的功能不是文字的输入，而是控制电脑上的特殊功能键，如 F1、Enter 键等，用来模拟按下电脑的特殊功能键，完成特定的功能，例如，浏览网页时，按下 F5 键刷新网页等，如图 16 和图 17 所示。

图 16　通过特殊键界面向电脑输入文字

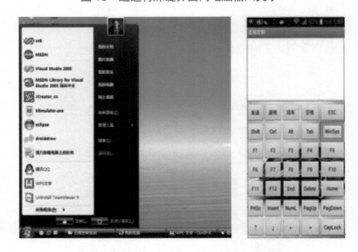

图 17　手机按下 Windows 特殊键的效果

游戏手柄模块

根据技术分类有两种类型的手柄：一是单触点型，也就是同一时间只能按下一个按钮，例如，在游戏人物行走时就不能开枪射击，要想射击必须松开行走键，这种类型的手柄好编写，操作精准，但与实际手柄有差距，实际手柄是可以同时按下多个键的。二是多触点型，这种手柄的编写复杂，功能与实际手柄一样，但是使用触感比单触点稍低。本设计同时设计了两种类型的手柄，在需要的时候可以切换。

单触点手柄的设计：在屏幕上合适的位置放上按钮即可，按下相应的按钮触发对应的控制，达到对游戏的控制效果，所以设计上比较简单，仅仅使用按钮就可以达到目标。

多触点按钮的设计：由于 Android 对按钮没有多触点的 API，只能计算按下屏幕点的坐标，所以按钮只是起到装饰和坐标匹配的作用，在单触点的基础上，最上层添加一个 touch 层，用来接收和计算屏幕按下时的各个触点的坐标。计算屏幕按下时的坐标是否落在相应的按钮上，落在按钮上，触发按钮事件。

另外，两种手柄都加上了重力控制功能，只要打开重力控制（点击"开"按钮），就可以通过倾斜手机来控制游戏人物的方向。

无线手柄控制游戏的效果图如图 18 所示，具有多触点功能，可以同时按下 3 个按键，行走的同时可以开枪射击，还具有重力感应功能，可以转动手机控制游戏人物的走动。

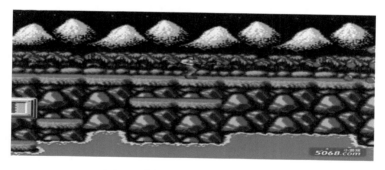

图 18　多触点手柄控制游戏 1 效果

如图 19 所示，手柄几乎包含所有常用的按键，并且添加了左上、左下、右上、右下、空格、回车等快捷键，使游戏操作更加方便。另外，本手柄还可以操作游戏中的鼠标，例如，在《反恐精英》游戏中需要移动鼠标来控制移动方向，单击鼠标左键来射击，所以本程序添加了鼠标左键和右键的功能，图示方向键中间的圆按钮是鼠标右键，按下此按钮就相当于按下鼠标右键。图示右边 ABCD 键中间的矩形按钮是鼠标左键，按钮按下相当于鼠标左键按下，并且在按钮上滑动，相当于移动鼠标。整个手柄的操作十分方便，功能十分强大。

图 19　多触点手柄控制游戏 2 效果

快捷控制模块

连接计算机之后，切换到控制 PC 界面，就可控制电脑开/关机、重启、待机、定时关机等，需要说明的是，定时关机的时间是可以更改的，以最后一次设置为准，如图 20 所示。

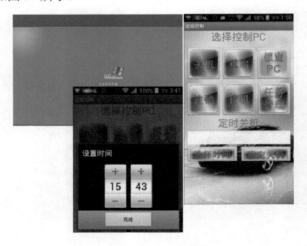

图 20　定时关机效果

4. 作品实现、难点及特色分析

（1）作品实现

经过1个多月的努力，终于将软件开发完成，各个功能模块经过测试，均达到了预想。

（2）特色分析

本软件特色如下：

①可以实时显示电脑屏幕图像，便于操作。

②采用触摸屏的方式操作电脑鼠标，把电脑的鼠标操作变得更加人性化。

③无线手柄功能，可以完全代替实际的 USB 手柄，加上重力感应，操作体验很好。

④可以方便地控制电脑的关机、重启，特别是定时关机，非常实用。

（3）难点和解决方案

虽然经过长时间的努力，软件被成功地开发出来，但在开发过程中还是遇到了不少问题。

①电脑端的服务软件采用 C#编写，而手机端采用 Java 编写，在传送通信协议时，采用的是字符串的格式，以回车换行符作为结束。问题就出在这，Java和 C#的回车换行符不一样。解决方式就是在 Java 手机传送字符串通信协议的时候人工加上 C#识别的回车换行符。

②电脑端发送屏幕截图给手机的时候，手机端接收到的图片总是不完整，闪烁严重。原因是在传送图片数据的时候没有加上图片数据的大小，在接收端接收的数据量和发送的不符合。解决方式是，发送图片数据之前先发送数据大小，然后按照数据的大小接收数据。

③电脑端采用的是多线程服务方式，最多可以同时用 10 台手机控制同一台电脑，在多线程管理的时候发生错乱，手机端退出以后，电脑端的线程并没有退出，造成电脑资源的浪费。解决方式是，给每个线程建立一个生命 bool 值，一旦手机端退出就将此 bool 值变为 false，从而让线程自动退出。

<h1 style="text-align:center">作品 29　Face Show</h1>

获得奖项　本科组二等奖
所在学校　南华大学
团队名称　南华大学经纬度
团队成员　黎荣恒　雍玉婷
指导教师　刘　立
成员分工

　　黎荣恒　负责项目策划、程序开发和调试。
　　雍玉婷　负责界面设计、文档编写、图片素材设计、收集和
　　　　　　部分程序调试。

1. 作品概述

选题背景

　　人获取信息的主要手段之一是通过视觉，人脸的独特性，使人脸具有高度的可识别度，在人类的日常生活交往中，人脸所反映的视觉信息占有很重要的作用和意义。

　　当一幅图像摆在我们面前的时候，我们首先在乎的是图像中的人，而图像中人的脸部区域，更加能够引起我们视觉的兴趣，虽说不能以貌取人，但是人脸是我们"新认识"一个陌生人的首要因素。在国内外经历了多年研究之后，数字图像处理技术利用软硬件实现的成本大幅度降低，其软件实现难度也大幅度降低，用计算机来模拟人类视觉的研究也越发得到关注。

　　随着 Android 平台的使用人群不断地扩大，近几年新兴起的人脸技术的使用也会越来越广泛，本应用使用人脸技术，并加入我们团队的创意，如趣味人脸拼图、夫妻相评分会有很大的吸引力。创意、技术和吸引力也是我们不懈的开发动力。

项目意义

此软件名为"Face Show"人脸识别系统。相比于市面上的各种昂贵的人脸识别系统，本软件借助于应用广泛的 Android 平台，利用 Face++提供的当下流行的人脸识别功能接口，完成基本功能实现。借助于移动设备网络平台和社交软件，实现了匹配结果可进行网络社区分享功能，以及用户涂鸦功能增加了软件的趣味性及用户的参与性。在实现其基本人脸识别系统功能的基础上，本软件还实现了丰富的外部接口，为软件功能拓展留下了巨大空间，从而增加了软件功能的可拓展性，提升了代码模块的复用性。

另外，就其功能特色上来说，本软件一共可以分为三个大的版块：人脸信息检测、人脸拼图、夫妻相。

人脸信息检测是指对于一幅选中的图像，检测其中是否有人脸，如果存在人脸，基于视觉通道信息的面部感知系统，包括人脸检测和跟踪、面部特征定位、面部识别、人脸归类（年龄、种族、性别等的判别）、表情识别。

人脸拼图就是继人脸检测和跟踪之后，对我们检测到的人脸眉毛、眼睛、鼻子和嘴巴的定位，可以在面部添加一些卡通的图片，让用户进行恶搞，增加趣味和用户参与性。此创意是受到时下非常流行的涂鸦软件"脸萌"的启发。

夫妻相就是根据你选定的两张图片，分析面部特征，比对数据库信息，检测他们夫妻相程度有多高。

三个功能创意充分调动了用户的好奇心，参与积极性，以及人脸识别信息匹配的应用，娱乐效果值得期待，功能应用在很多领域具有可挖掘价值。

2. 作品可行性分析和目标群体

（1）可行性分析

人脸识别系统现在应用于许多领域中，虽是近几年兴起的，但是随着使用成本降低、识别效率提高，其运用场合也越来越广泛。此技术更新周期也在不断缩短，可见其研究价值之高。

在 Android 平台上使用人脸技术的应用还不是很多，人脸技术和我们的生活关系又存在着非常紧密的联系。从技术上来说，利用 Face++平台提供的云端 API、离线 SDK，以及面向用户的自主研发产品接口，可以大幅度降低系统实现难度和软件成本。

Face++旨在提供简单易用，功能强大，平台通用的视觉服务，让开发者可以轻松地使用最前沿的计算机视觉技术，从而搭建个性化的视觉应用。一般来说具有安卓平台就可以运行，接口调用操作简单。

各模块之间采用松耦合紧内聚的链接方式，将公用数据类进行抽离，作为独立接口使用，提高了系统的容错率。同时，分离程序功能模块和通信模块，降低了系统代码的复杂性。

（2）目标群体

适用于年轻的 Fashion 一族和学生群体。

3. 作品功能与原型设计

作品功能如图 1 所示。

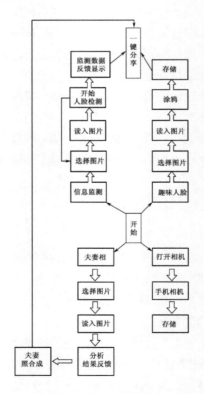

图 1　总体功能结构

脸部信息测模检块

（1）人脸检测、追踪：提供快速、高准确率的人像检测功能。可以令相机应用更好地捕捉到人脸区域，优化测光与对焦。

（2）人脸关键点检测：精确定位面部的关键区域位置，包括眉毛、眼睛、鼻子、嘴巴等。

（3）微笑分析：Face++微笑分析可以精确分析一张图片或者视频流中人物是否在微笑，以及相应的微笑程度。

（4）性别、年龄、种族：可以从图片中分析出人脸的性别、年龄、种族等多种属性。

趣味人脸拼图模块

从人脸追踪，检测定位五官的基础上，对我们检测到的人脸的关键点（包括眉毛、眼睛、鼻子和嘴巴），可以在面部添加一些卡通的五官，让用户娱乐。在拼成之后我们还能进行分享的功能，从而提高人们在自己交友圈子里的乐趣和活跃度。在趣味基础上，我们还拥有与美图相反的战略，美化图片的市场我们已经难以立足，但我们可以通过相反的战略，用"毁图"来占领另一个方向的市场先机。

夫妻相模块

根据人脸五官的相似度来进行夫妻相的评分。

夫妻相就是根据你选的两张图片，根据面部特征，比对两者脸部数据信息，检测他们夫妻相程度有多高，从而进行其夫妻相的评分。为了提高用户体验，我们还能满足用户对图片的放大缩小，只要点击夫妻相界面中选中的照片，就能根据手势放大缩小，双击就还原。

在此基础上，我们还提供一个夫妻照合成的功能，用户能根据自己选择的照片进行夫妻照合成，在合成照片后我们还提高照片特效的功能，用户可以根据自己的喜爱选取特效，提高照片的观赏性。

原型设计如图2～图15所示。

图2　欢迎界面

图3　主界面

图4　人脸信息检测界面1

图5　信息检测结果界面2

图6　趣味人脸界面

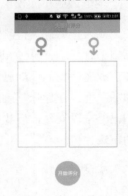

图7　夫妻相界面

图8　人脸检测结果界面

图9　人脸检测功能界面

图10　趣味人脸功能界面

图 11　趣味人脸标识界面

图 12　夫妻相评分界面

图 13　夫妻相分值界面

图 14　夫妻照合成界面　　　　图 15　意见反馈功能界面

4. 作品实现、难点及特色分析

（1）作品实现

软件的各功能是在人脸检测的基础上，通过对人脸数据的运用、加上 Android 的编程技术综合运用，从而实现了各功能模块。例如，人脸趣味拼图功能，通过人脸关键点位置，贴上用户选择的图片，从而实现趣味性的拼图功能。

（2）特色分析

本作品虽然从技术上来说，难度适中，其特色在于将人脸识别技术运用到我们的生活中来，以娱乐的方式普及前沿技术的创意，同时软件的功能可以带给用户愉快的体验，包含了当下网络中最流行的社区文化，具有一定的商业价值。

在软件实现过程中，充分考虑到了功能模块的可扩展性，为后续功能创新拓展留足了空间。

（3）难点和解决方案

人脸本身是一个柔性物体，所以人脸的外形很不稳定，人可以通过脸部的变化产生很多表情，而在不同观察角度，人脸的视觉图像也相差很大，另外，人脸识别还受光照条件（如白天和夜晚，室内和室外等）、人脸的很多遮盖物（如口罩、墨镜、头发、胡须等）、年龄等多方面因素的影响。

在实现过程中，由于对 Face++ 所提供接口的不熟悉，造成了在开发过程中给我们带来了一定的困扰，再加上对相关数字图像处理的原理不是很了解，所以需要花费大量的时间去了解数字图像处理当中的很多技术，例如，边缘检测技术、图像分割技术、图像的采样技术⋯⋯在基本了解数字图像处理的基本原理之后，对人脸识别技术有了大概的认识，再调用接口函数时，对很多数据结构的意义把握才比较准确。我们对 Face++ 进行认真地学习了解，最终还是解决了遇到的问题。

作品 30　勇敢向前冲

获得奖项　本科组二等奖
所在学校　河北联合大学
团队名称　河联九队
团队成员　王步国　王海涛
指导教师　于复兴
成员分工

　　王步国　负责脚本编写、模型制作、贴图处理、骨骼动画制作。
　　王海涛　负责场景搭建、游戏策划、特效处理、布局设定。

1. 作品概述

选题背景

　　随着手持式终端的日渐强大，移动手持设备在模拟现实方面的技术日趋成熟。人们在移动设备上可以体验到比以往更加真实的视觉冲击和立体效果，同时伴随着人们对体育竞技的青睐，使得此类游戏大受欢迎。

　　作为手机应用的重要部分，手机游戏的主题风格尤为重要。贴近生活的游戏剧情、简单易懂的操作方式、逼真酷炫的游戏画面，以及碎片时间的综合整理是我们在做这款手机游戏之前所制定的游戏路线。

　　随着这个炎炎夏日的逐渐褪去，各大媒体争相播放的真人秀闯关类节目给我们留下的欢乐却并未消失。考虑到节目中的欢乐气氛，我们计划做一款水上冲关游戏，结合 Unity 中的物理引擎将其打造成一款休闲体育类的冲关游戏。

项目意义

　　本款游戏的可操作性较高，玩家可以在本款游戏中随时随地体验在炎炎夏季中水上冲关的乐趣，同时结合游戏中真实的画面特效，以及欢快的游戏音效，是人们消遣生活中碎片时间的良好伙伴。

本款游戏以运动为主题，时时刻刻让玩家感受到运动的正能量。玩家可以在游戏中控制角色参与水上冲关活动，跨越不同的障碍物以最短的时间到达终点，体验水上冲关的激情、刺激与欢乐，同时本款游戏还告知人们在喧哗忙碌的快节奏生活中，运动必不可少，将运动的激情与娱乐的快乐综合起来，时刻传播着积极向上的正能量。

2. 作品可行性分析和目标群体

（1）可行性分析

勇敢向前冲这款游戏自 2014 年七月份初开始开发直到现在，时间并不宽裕，好在本款游戏开发中并不需要对关卡之外的背景做过多的渲染和相关设置，这一点节省了很多的时间，同时对关卡的长度做了适当的缩减，使关卡耗时保持在适中状态，也节省了一部分时间。

在开发这款游戏之前，我们对 Unity3D 已经学习了一段时间，因此，我们决定使用 Unity3D 作为这款游戏的开发工具。基于之前学习到的关于 Unity3D 中的物理引擎，我们在开发过程中遇到的问题并不是很多，同时我们对人物的骨骼动画也有过一段时间的学习，而学习到的那些也足以满足我们来开发这款游戏。

（2）目标群体

适用于在咖啡厅等人、在公交/地铁站候车等拥有碎片化时间的对象。

3. 作品功能与原型设计

作品功能如图 1 所示。

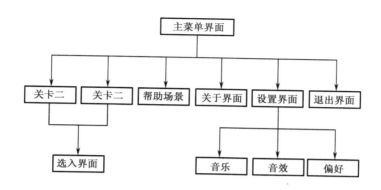

图 1　总体功能结构

选人功能模块

勇敢向前冲这款游戏的选人界面模块采用 NGUI 插件进行绘制，通过在主菜单点击关卡按钮进入此界面，在这里玩家可以在不同的视角、游戏中观看给定的四个游戏角色的动作和体格，最后选择玩家喜欢的游戏角色进入游戏，在做完最后的准备后点击此界面中的确定按钮即可进入游戏。

设置功能模块

勇敢向前冲这款游戏的设置界面模块采用 NGUI 插件进行绘制，通过在主菜单点击设置按钮进入此界面，在这里有三个拥有摇杆的按钮，玩家可以通过点击按钮使按钮的摇杆发生偏转来更改游戏的音乐、音效及左右手偏好设置，更改后所有关卡中的设置将会遵从此界面的设置。

退出功能模块

勇敢向前冲这款游戏的退出界面模块采用 NGUI 插件进行绘制，在这里玩家可以看到中间的提示是否退出游戏的面板和面板下方的"OK"和"NO"两个按钮，玩家可以选择点击其中的"OK"按钮退出游戏，也可以选择其中的"NO"按钮返回主菜单界面并继续游戏。

原型设计如图 2 到图 10 所示。

勇敢向前冲这款游戏的主菜单界面是游戏中所有场景和所有与菜单界面有关的相关界面的中转站，游戏中大部分界面均可通过在如图 2 所示的主菜单界面中点击相关的按钮进入，是整个游戏的枢纽。

图 2　主菜单界面

　　勇敢向前冲这款游戏设置界面是游戏的设置中心，玩家可以在主菜单中点击设置按钮进入设置界面，如图 3 所示。在这里可以设置游戏的音乐、音效和左右手偏好的设置，是整个游戏偏好和声音的控制工厂。

图 3　设置界面

　　勇敢向前冲这款游戏的选人界面是进入关卡前的最后准备，如图 4 所示。在这里玩家可以使用不同视角自由观看各个角色的动作和静止状态，根据玩家喜好选择相应角色进行游戏，是正式进入游戏开始闯关的最后准备。

图 4　选人界面

　　勇敢向前冲这款游戏的退出界面是游戏的退出站，玩家可以通过在主菜单

界面中点击退出按钮进入游戏的退出界面，如图 5 所示。在这里可以选择点击
不同的按钮实现退出游戏和继续游戏这两个功能。

图 5　退出界面

勇敢向前冲这款游戏的帮助界面是游戏的动态提示方式，玩家可以通过在
主菜单界面中点击帮助按钮进入场景，如图 6 所示。在这里玩家可以根据相应
提示进行操作，帮助界面并不是正式的游戏关卡场景。

图 6　帮助界面

勇敢向前冲这款游戏的关卡一和关卡二界面是游戏的主要界面，玩家通过
在主菜单界面中点击相应按钮进入选人界面后进入不同关卡，如图 7 和图 8 所
示。在这里玩家可以控制玩家所喜爱的游戏角色正式进入游戏进行闯关。

图 7　关卡一界面

图 8　关卡二界面

　　勇敢向前冲这款游戏的游戏胜利界面是玩家在限定的时间内顺利到达终点后获得胜利的过渡界面，如图 9 所示。在这里可以观看游戏胜利动画并且参与最快时间记录排行，玩家可以点击确定结束此界面继续游戏。

图 9　游戏胜利界面

　　勇敢向前冲这款游戏的失败界面是玩家在超出最高限时后仍未到达终点时的任务失败界面，如图 10 所示。在这里会弹出一个游戏失败的界面，在失败界面中玩家可以选择继续游戏重新选择关卡进行游戏。

图 10　游戏失败界面

4. 作品实现、难点及特色分析

（1）作品实现

勇敢向前冲实现了以运动为主题，传播运动的激情与正能量的目的。玩家通过控制游戏中的角色参与水上冲关运动，以最短的时间，最炫的技巧跨越障碍到达终点取得胜利。

（2）特色分析

勇敢向前冲具有较高的可玩性，贴近生活的游戏主题，画面较为精美，以及运行流畅等鲜明特色，具体如下。

①使用 Unity3D 作为开发工具。

Unity3D 作为当前比较流行的一款以 OpenGL 为底层架构的综合型专业游戏开发工具，其开发的游戏具有高性能，高稳定性等特点。基于对游戏的流畅性和稳定性的考虑，我们选择 Unity3D 这款成熟的开发工具作为本款游戏的开发工具以提高游戏性能。

②运用大量骨骼动画。

在本款游戏中使用了很多骨骼动画的开发和脚本控制，包括人物的奔跑、跳跃、后退、蹲下，以及碰撞物体后被击飞等一系列骨骼动画，同时我们限制了动画播放的条件，使其中有可能发生混乱的两个或者多个骨骼动画不能同时播放，如向前跳跃和后退的同时播放。

③使用 NGUI 插件绘制菜单界面。

使用 NGUI 插件绘制游戏的菜单界面可以使游戏具有完善的 UI 系统和事件通知框架，同时 NGUI 中的插件由 C#语言编写，借助 Unity3D 提供的编码端口可以很好地实现游戏中各个界面之间转换的特效和相应事件转换，在很大程度上提高了游戏运行的流畅性和稳定性。

④粒子系统的应用。

粒子系统的应用可以帮助游戏模拟现实世界中的一些特殊效果，在勇敢向前冲这款游戏中，我们应用了一系列粒子效果模拟角色在落水时的水纹、溅起的水花特效和一些碰撞所产生的特效，极大地提高了这款游戏关卡中的丰富性和画面的细节优化效果。

⑤多点触控的应用。

勇敢向前冲这款游戏支持多点触控，玩家可以实现双手同时操作游戏中的角色，极大地提高了角色的可操作性，同时这款游戏中开发了一个很人性化的左右手偏好选择功能，玩家可以根据自己的喜好选择操作方式，在很大程度上提高了这款游戏的可玩性。

（3）难点和解决方案

在游戏的开发过程中我们遇到了一些难点，在经过一段研究后终于得到了解决，下面将进行陈述。

①骨骼动画的制作。

在勇敢向前冲这款游戏开发之前，游戏中需要的大量角色动作的制作对我们来说是一个看起来十分困难的任务，而在正式开始开发这款游戏的过程中也确实困扰了我们一段相对较长的时间。

通过一段时间对 3ds max 的学习，我们学会了制作骨骼动画的相关步骤，在制作骨骼动画时我们观测了现实生活中人们的各种动作，最后我们成功制作出了游戏所需要的各个动作。

②不同动画的播放。

在这款游戏的开发过程中，我们在经过较长时间对骨骼动画的研究后，终于完成了所需骨骼动画的制作之后，意识到要控制大量的骨骼动画在指定操作或者指定地点的播放同样是一个十分令人苦恼的问题。

通过对每一个动作的精心策划和整理，我们制作了一个在不同操作执行，以及在不同地点放置的与所需要的动画相对应的触发器位置的表格，在表格中均有触发条件和相对严谨的限制，这一个表格在我们编写脚本的过程中起到了一个极其重要的作用，也由此我们实现了这一功能。

③屏幕的自适应问题。

目前，Android 系统的设备品牌众多，各式各样的机型有其不同的分辨率，如果针对每一个机型都设置一个分辨率，那将是一个特别浩大的工程，考虑到这一现象，我们在开发的过程中想要实现让每一个场景中的界面能够自动适应各种分辨率的想法。

由于勇敢向前冲的关卡场景与主菜单界面及其相关界面，采用了不同的绘制方式，想要使场景中各个界面均实现自适应屏幕分辨率的功能，就要从两个方面考虑：一是，游戏中使用 NGUI 插件绘制的界面中，我们采用了使用锚点来实现这一功能，二是在其他场景界面我们使用了脚本编写来实现这一功能。

作品 31　super miner

获得奖项	本科组二等奖
所在学校	武汉大学
团队名称	S-Team
团队成员	马驰原　于银菠　郭英杰
指导教师	杨剑锋
成员分工	

马驰原　负责应用的设计与程序编写。

于银菠　负责项目的分析与文档的撰写。

郭英杰　负责应用的测试与评估。

1. 作品概述

选题背景

近两年来，体验经济的概念已逐渐为各界人士所接受，并开始在各行业中展开应用。所谓体验，就是企业以服务为舞台、以商品为道具，环绕着消费者创造出值得消费的活动。在体验经济浪潮下，产品的设计不仅要考虑到产品本身，还要考虑到随之的服务及用户的参与度等问题。其中，游戏设计应该抓住用户的心理因素，让其向独特积极的方向发展，从而让游戏玩家获得感官及心理体验。同时如何让游戏玩家与游戏设计者之间获得交互，以及游戏玩家与游戏玩家之间获得交互也是移动互联网下游戏设计的一个需求。

另外，随着移动互联网的迅速发展，手机操作系统越来越多。除了主流的三大系统 Android、iOS 和 Windows Phone 以外，诸如 BlackBerry OS、Symbian、Palm、WebOS、Ubuntu、三星 Tizen 及最近发布的国产操作系统 COS、元心 OS 等在移动互联网设备终端都占有一定市场，而且三大主流系统的市场占有率在今后的发展趋势中会有所下降。不同的操作系统有着不同的应用开发方式，如此繁多的手机平台，给移动互联网应用的开发带来了巨大的挑战。应用的成功是要能够占领更多的市场，而不是单独某个平台的市场，这要求移动互联网的应用能够支持跨平台性。在 Android 上开发程序是需要使用 Java 语言开发的，而在 iOS 则是 Object C，Windows Phone 则是.NET，每个平台支持的开发语言不尽相同，在 Android 上开发的应用如果想应用到其他平台，则需要重新编写程序，这大大提升了软件的开发周期。所以如何使应用能够支持跨平台成为了应用开发的另一种挑战和需求。

项目意义

我们设计的游戏主要是针对酷跑闯关类游戏的设计。传统的酷跑闯关游戏都是在游戏设定好的场景下，在固定的地形上运动。如超级玛丽，同一个场景下其闯关成功的路径是相同的，这样场景可玩的多样性就降低了。游戏用户闯过这个场景之后，对该场景的欲挑战性会降低不少。这样固定的场景、固定的模式会导致用户视觉疲劳，用户得不到所需的体验感，而导致用户黏性的下降。所以为了提升游戏可玩性，需要提升场景可玩的多样性。在一款名为 Minecraft 的游戏中，每个玩家可以在三维空间中自由地创造和破环不同种类的方块，即 Minecraft 的地形都是用户自己设计参与制造的。在这样的模式下的游戏，用户可以对于游戏场景设计有自主权，同一个环境下，不同的用户有不同的地形设计，这样不仅在提升用户参与度的同时，也提升了场景的可重复利用率。有了 Minecraft 的启发，我们希望能由用户自己来铺设自己的地形路线闯关，把自主权交给用户。用户可以利用自己有限的跳跃距离，在空中完成一次自身的克隆，生成一块通往终点道路上的基石。当然与此同时也会牺牲自我，从原点复活。同时为了获取更好的体验性和可玩性，我们设计了三种模式：EASY、HARD、DESIGN。前两种模式是两种不同级别难度、地图大小不同的模式，用户可通过自己铺设路线来获取通关的条件。第三种模式则是针对游戏设计者本身设计的地形是有限的，而导致游戏疲劳问题设计的一种模式。在该模式下，用户可自行设计地图或者从专门交互平台获取其他玩家设计的共享的地图来闯关，这样提升了游戏地形的多样性，增加了游戏的耐玩性。同时游戏玩家即获得与游戏设计者的交互，或与其他玩家之间的交互，玩家之间可以相互给对方设计地形、挑战对方的地形等。三种不同的模式能够给游戏玩家带来不同的体验，相信能够吸引不少的游戏玩家。

手机操作系统中有两种应用程序：一种是基于本地（操作系统）运行的 APP，即 Native APP；另一种是基于高端机的浏览器运行的 Web APP。Native APP 具有能够提供最佳的用户体验，最优质的用户界面，打开速度快，可节省带宽成本等优点，但其缺点则是可移植性差、跨平台性差、开发成本较高、维护多个版本的成本比较高等。而 Web APP 则与之相反，它的开发成本较低，适配多种移动设备成本低、具有较好的跨平台性。但其缺点则是浏览的体验短期内还无法超越原生应用、不支持离线模式、消息推送不及时等。这两种应用程序都具有其优缺点。而我们则是采用了一种混合模式的方法来开发程序，部分代码以 Web 技术编程，部分代码由某些 Native Container 承担，这样能够充分扬长避短，充分发挥两种应用程序的优点，而减少其劣势。

2. 作品可行性分析和目标群体

（1）可行性分析

我们设计游戏的目标是让用户可以自主地设计游戏闯关路径，所以我们在最基本的场景上面设定很多空的区域，人物是无法直接跳跃过去的。玩家通过这些区域的方法是人物跳跃到一定空间上时，玩家可以克隆人物，使其变成基石，固定在空中。同时，基石还可以用来抵挡食人花的子弹。但基石有一定的时间限制，超出这个时间，基石则自动消失。所以游戏要闯关成功，既要设定好基石的路径，又要把握好时间，这样才能顺利通过。同时针对第三模式我们在游戏用增加了游戏交互平台。在交互平台中，设有不同价值的地形、道具等，用户可以通过游戏争取金币来购买。同时用户也可以将自己设计的地形上传到共享交互平台中，其他用户下载后即可获取一定的金币，而且设计的地形受欢迎度越高，则其获取的金币数越多。当然玩家从交互平台中下载不同等级难度的地形，并闯关成功就能够获得不同等级的金币数。用户可以利用金币来购买更多的道具，进而设计难度更大的地形。这样游戏与玩家之间的交互性得到了充分保障。

对于跨平台，我们使用 Phonegap 的设计方法。Phonegap 是一款开源的开发框架，旨在让开发者使用 HTML、JavaScript、CSS 等 Web APIs 开发跨平台的移动应用程序。它能够让你用普通的 Web 技术编写出能够轻松调用 API 接口和进入应用商店的 HTML5 应用开发平台，能够支持多达 7 个应用平台的开源移动框架。利用 Phonegap 的方式，充分提高了游戏的跨平台性，这一点我们分别在 Android、WP8、Windows 等平台上得到充分肯定，iOS 由于没有其开发环境，所以没有进行测试。

（2）目标群体

适用于有空闲时间的工作人士或者学生群体。

3. 作品功能与原型设计

作品功能如图 1 所示。

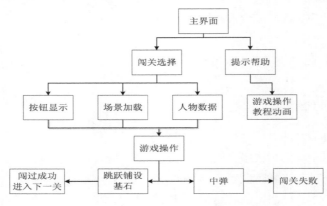

图 1　总体功能结构

场景设计

场景设计一共有三个层：背景层+碰撞层+地形层。Entities 代表所有非地形物体，它们继承于一个 ig.entity 的类，如图 2 所示。

图 2　关卡编辑界面

按钮控制

（1）透明化避免影响用户观察场景。

（2）大小和位置可以自适应屏幕。

地形铺设

使用 cube，主要依靠 box collider 来产生碰撞效果。

闯关条件

（1）取到所有钥匙才能闯关。

（2）方块的寿命只有 15 秒。

（3）用户需要在使用最少方块的情况下完成操作。

（4）为了降低难度，用户可以依靠弹簧，避免不断地搭建方块使用户厌烦。

如图 3 所示，有些关卡有发射子弹的食人花，用户可以通过产生方块来挡住食人花发射的子弹，安全地取钥匙。

图 3　闯关路径

图 4 所示为游戏程序的主界面，中央有 1～15 个关口可供选择，从 1～15 闯关的难度逐一递增。左下方的感叹号为游戏帮助，点击感叹号即可观看游戏操作的教程视频，以便于新手熟悉游戏操作。

原型设计如图 5～图 11 所示。

图 4　菜单主界面

图 5　游戏操作引导动画界面

图 6　简单模式闯关总数界面

图 7　困难模式闯关总数界面

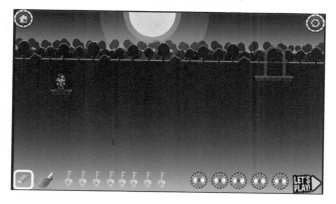

图 8　自行设计地图模式

图 9　游戏界面（1）

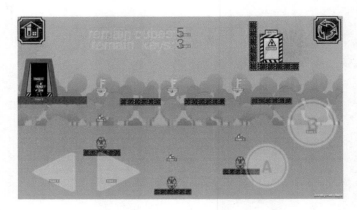

图 10 游戏界面（2）

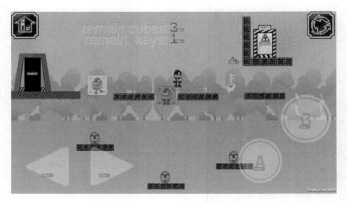

图 11 游戏界面（3）

如图 9 到图 11 所示为一系列游戏界面。在图 9 中，游戏操作者已经搭建了四个基石，人物可以通过这些基石跳跃去获取钥匙。由于在左上方有三个会不断发射子弹的食人花，所以游戏操作者必须在基石有限的时间内避开子弹，顺利取得两把钥匙，这样才能顺利过关，但有一定的难度。如图 10 和图 11 所示为同一关卡，其中图 10 所示为闯关开始，游戏操作者需要获取三把钥匙才能打开最终的门。人物可以分别在三个食人花的上方铺设基石来挡住食人花的子弹，并在最后铺设另外的基石到达终点。

图 12 所示为闯关成功的界面，当人物成功到达终点并打开门时即表示闯关成功。图 13 所示为闯关失败的界面，当人物被食人花子弹击中或者人物耗尽的时候，会出现该画面，表示闯关失败。

图 12　闯关成功

图 13　闯关失败

4. 作品实现、难点及特色分析

（1）作品实现

作品以 html5 制作然后用 Phonegap 封装到安卓平台，它是一个让玩家轻松创建诸如自己制作地形，玩家和作者交互、建筑可视化、玩家之间交流制作的关卡的综合型游戏开发工具，是一个全面整合的专业游戏引擎。

（2）特色分析

在游戏当中，人物闯关成功的路径不是固定的，而且人物对于闯关路径有自主权，游戏玩家可以通过跳跃来自己铺设路径顺利闯关。用户对游戏有自主权，这样既增加了游戏的挑战难度，又同时增加了用户的参与感，提升了游戏的可玩性和多样性。

（3）难点和解决方案

在程序编写过程中遇到了许多的难点。

①对象的清除。如食人花射出的子弹如果不及时清理，就会不停地消耗内存，系统会越来越卡。

②连跳的避免问题。人物不能够在空中连续跳跃。

③按钮体验的优化。

④Phonegap 的平台移植中的困难通过 Google 学习解决。

⑤屏幕分辨率自适应。

针对上述的难点，我们做出如下的解决方案。

①针对对象的清除问题，我们设置一个 camera 之外的用户看不到的 cube，用来检测是否碰撞到子弹，如果碰到就销毁子弹。

②针对连跳的避免问题，我们开始使用的时候，如果 y 轴速度为 0 时，按键才能给一个 y 方向的 force，但是效果不好。于是我们采用了另一种方法，在 player 的 cube 底端放置一个 trigger，每当 trigger 检测到克隆的 cube 和 ground 地面的时候才能继续跳。

③针对按钮体验的优化问题，由于手机屏幕的大小各异，分辨率也不尽相同。所以为了能够使按钮得到优化，程序设计了自适应屏幕分辨率，根据不同按钮的功能重要程度和使用频率调整按钮的大小和位置。

第五部分

基于云计算的大赛技术支撑平台

云计算概述

云计算（Cloud Computing），是继 20 世纪 80 年代大型计算机到客户端—服务器的大转变之后的又一种巨变。对于到底什么是云计算，至少可以找到上百种解释，现阶段广为接受的是美国国家标准与技术研究院（NIST）定义：云计算是一种按使用量付费的模式，这种模式提供可用的、便捷的、按需的网络访问，进入可配置的计算资源共享池（资源包括网络、服务器、存储、应用软件、服务），这些资源能够被快速提供，只需投入很少的管理工作或与服务供应商进行很少的交互。

云描述了由"资源池"化的计算、网络、信息和存储等组成的服务、应用、信息和基础设施等的使用，这些组件（可以是服务、应用或基础设施等）能够迅速完成策划、准备、部署和回收，并且可以迅速扩容或调减，提供按需的、类似效用计算的分配和消费模式。用户对计算资源的使用可以像水、电等公共基础服务设施一样，随用随到、按需扩展，而不需要了解、控制支持这些服务的技术基础构架；当然，不同之处在于，它是通过互联网进行传输的。

NIST 为云计算定义了五个关键特征、三个服务模型和四个部署模型，如图 1 所示。

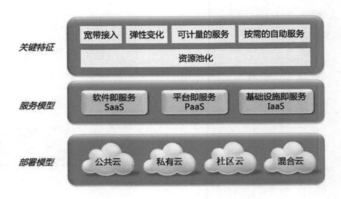

图 1　NIST 定义的云计算模型

（1）云计算的五大特征

云计算服务展现了五个关键特征，以代表它与传统计算方法的关系和区别。

宽带接入：计算服务能力是通过网络提供的，支持各种标准接入手段，包括各种胖或瘦客户端平台（如移动电话、笔记本电脑或 PDA）。

弹性变化：服务能力可以快速、弹性地供应。在某些情况下自动地实现快速扩容、快速上线。对于用户来说，可供应的服务能力近乎无限，可以随时按需购买。而对于云计算平台建设者和运营商，也仅需要在容量预警的时候，简单即可实现横向扩容，以应对增长的需求。

可计量的服务：云系统之所以能够自动控制和优化某种服务的资源使用，是因为利用了经过某种程度抽象的计量能力（例如，存储、处理、带宽或者活动用户账号等）。系统可以监视、控制和优化资源使用、并能够为供应商和用户提供详细的资源使用报表。

按需的自助服务：用户可以在需要的时候，无须服务供应商或 IT 支持人员的帮助，即可自助配置并迅速获得需要的计算能力，如服务器时间和网络存储等。

资源池化：计算资源被汇集成资源池，使用多租户模型，按照用户需要，将不同的物理和虚拟资源动态地分配或再分配给多个用户使用。虚拟化的资源池带来了一定程度的位置无关性，也就是说用户无法控制或无须知道所使用资源的确切物理位置，但是原则上可以在较高抽象层面上来指定位置（如按国家、省、或者不同数据中心来指定）。资源的例子包括存储、处理能力、内存、网络带宽，或者是一个完整的虚拟机等。虚拟的资源池是实现云计算资源共享，提高计算效率的重要基础。

（2）云计算的服务模式

云计算服务的交付可以分为三种基本模式，以及由此衍生的其他组合。这三种基本模式经常被称为"SPI"模型，其中 SPI 分别代表软件（Software）、平台（Platform）和基础设施（Infrastructure）。

软件即服务（Software as a Service，简称 SaaS）：在 SaaS 模式下，用户将直接使用部署在云基础设施上的应用软件，可以使用各种客户端设备通过"瘦"客户界面（如浏览器）等来访问应用（如基于浏览器的邮件）。在这种服务模型中，用户不管理或控制底层的云基础设施，包括操作系统、服务器、存储、网络等，也不自行配置和部署应用软件。目前典型的 SaaS 服务有 Google Mail、Google Docs、Salesforce CRM 等。

平台即服务（Platform as a Service，简称 PaaS）：在 PaaS 模式下，用户可以直接在云基础设施之上部署用户自主开发或采购的应用，但这些应用需严格遵循云基础设施服务商制定的标准并使用支持的编程语言或工具开发。在这种服务模型中，用户不管理或控制底层的云基础设施，包括操作系统、服务器、存储、网络等，但可以控制自己部署的应用及应用的某个环境配置。目前典型的 PaaS 服务有 Google GAE、Salesforce Force.com、Microsoft Azure、Sina SAE 等。

基础设施即服务（Infrastructure as a Service）：在 IaaS 模式下，用户可以直接按需使用弹性的云基础设施（云供应的处理能力、存储、网络，以及其他基础性的计算资源），用户可以在获得的云基础设施上，自行部署和运行任意的应用软件。在这种服务模型中，用户不管理或控制底层的硬件基础设施，但拥有对操作系统、存储空间和应用软件的完全控制，也可以对一些网络服务进行有限控制（如主机防火墙等）。目前典型的 IaaS 服务有 Amazon AWS、E2Cloud 等。

SaaS/PaaS/IaaS 的服务提供的云计算可以满足不同用户的业务需求。云计算为用户带来了新的计算模式和新的客户体验。

（3）云计算的部署模型

不管利用的是哪种云计算服务模型（SaaS、PaaS 或 IaaS），都会存在四种可能的部署模型，以及用于解决某些特殊需求而产生的演化变形。

公共云：由某个组织拥有，其云基础设施面向公众或某个很大的业界群组提供云计算服务。典型如 IDC 提供公共租用的云计算平台。

私有云：云基础设施特定为某个组织提供服务。可以由该组织或委托第三方负责管理，可以是场内服务（on-premises），也可以是场外服务（off-premises）。典型如企业组织内部构建的云计算平台，只为内部提供服务。

社区云：云基础设施由若干个组织分享，以支持某个特定的社区。社区是指有共同诉求和追求的团体（如业务目标、安全要求、政策或合规性考虑等）。可以是由组织或委托第三方负责管理，可以是场内服务（on-premises），也可以是场外服务（off-premises）。典型如政府组织领导的政务云计算平台，可以由多个不同政府部门分享。

混合云：云基础设施由两个或多个云（公共的、私有的或社区的）组成，每个云独立存在，但是通过标准的或私有的技术绑定在一起，这些技术保证了数据和应用的可移植性。混合云是云计算建设和应用到一定阶段的必然结果。

随着市场产品消费需求越来越成熟，还将会出现其他派生的云部署模型。如虚拟专用云（Virtual Private Clouds），通过虚拟专网 VPN，以私有或半私有的形式来使用公共云的基础设施。

大赛技术支撑平台概述

云计算能够提供自动化计算资源交付的能力，可以由用户自主地选择所需计算资源，申请即可使用，而不需要额外支持人员的管理和维护。由于云计算的大规模、按需扩容能力，可以很好地满足大赛规模扩大的需要。因此，在充分利用和整合现有的一些基础设备基础上，大赛使用 E2Cloud 云计算系统构建了云计算支撑平台，如图 2 所示。大赛云计算平台部署在北京联合大学网络中心的 DMZ 网络区域，通过中国电信和中国联通两个互联网出口接入到互联网。参加大赛的大陆地区和港澳台地区高校团队都可以自由选择更快速的网络链路来访问，同时也可以起到链路负载均衡和冗余的作用。对于未来，如果有更多使用电信或联通网络的参赛团队加入，还可以再扩容一个电信或联通的互联网链路，以保证网络服务质量。

由于云计算平台所提供的计算资源均通过网络交付和使用，为分布在各地的参赛团队都提供一致的、满足大赛要求和团队研发需要的计算资源，提高了参赛团队的积极性，确保了参赛作品的质量。2014 年全国高校移动互联网应用开发创新大赛支撑平台是云计算技术在教育服务应用领域的成功应用，竞赛期间一百多组入围决赛的作品部署在云端，参赛学生按需自主申请虚拟资源上千次。

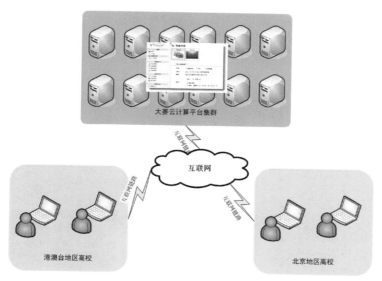

图2　云平台的部署

大赛云平台的服务模型如图3所示。云平台 IaaS 层基础设施采用服务器耦合成内存资源池和存储资源池，通过 VMware 虚拟化技术，提供 Windows 操作

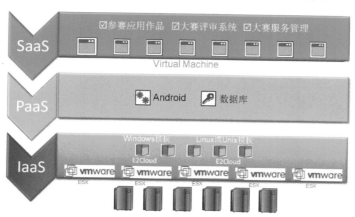

图3　大赛云平台服务模型图

系统虚拟机和 Linux/UNIX 操作系统等模板；在 PaaS 层提供竞赛规定的 Android 移动开发平台；在 SaaS 层由参赛团队部署作品，并为大赛评审系统和大赛服务系统提供技术支撑服务。大赛应用服务逻辑架构如图 4 所示。

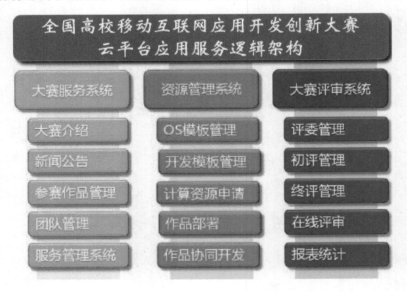

图 4　大赛的云平台应用逻辑服务架构图

大赛云平台的主要功能

本届大赛应用云计算虚拟化技术为各参赛团队提供按需使用的计算资源，为竞赛评委提供跨区域评审环境。

（1）支持大赛网站运行

基于云计算技术的大赛网络运行平台（miac.buu.edu.cn）具有及时发布大赛动态信息、为参赛学校和参赛队伍开通网上报名通道、参赛团队资源申请、获奖作品展示等功能，是大赛为参赛队伍提供资源和对外宣传联络的窗口，如图 5 所示。

图5　大赛网络运行平台（miac.buu.edu.cn）

（2）为团队提供服务

通过大赛资源管理系统，参赛团队可以通过 Web 随时随地访问云端开发环境。参赛团队可选择三大移动开发平台，根据参赛需求向云平台申请资源；仅需 2 分钟，所申请资源即可交付用户使用。

开发版本根据大赛需求定制，资源信息如图 6 所示。云端资源可以轻松维护、建立快照、备份多个开发测试环境和版本，方便团队成员进行协同开发工作，在云平台上实现作品远程调试与运行，提高团队效率。

大赛云平台具有如下特色：

①按需申请、即时交付计算资源。

②随时随地使用计算环境。

③随时创建数据备份，保护参赛成果。

④提供公共存储空间。

⑤计算环境独立，保障作品安全。

⑥用户和权限管理。

⑦支持团队协作。

⑧集成互联网安全网关，支持多网络出口。

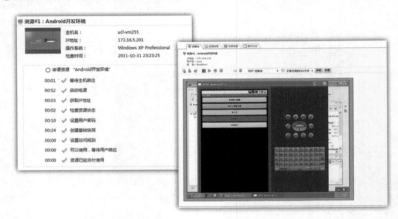

图6　云计算平台虚拟计算资源信息

如图7所示，大赛云计算平台采用负载均衡技术，提高云平台的硬件支撑能力、数据的访问速度，确保应用系统的可用性和可靠性。

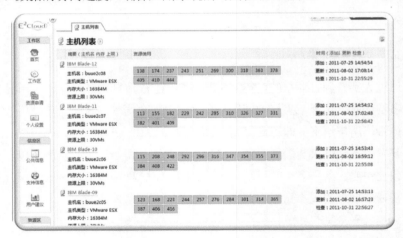

图7　负载均衡

（3）为评审提供服务

本届大赛覆盖"中国大陆、港、澳、台"地区，评审专家也来自两岸四地，采用集中式现场评审方式比较困难，大赛依托云计算平台，为评审环节提供跨区域网络评审服务，提高了效率，节约了成本。专家网络评审可以通过云计算平台查看每个参赛队在虚拟资源上部署的作品运行情况及源代码，界面如图 8 和图 9 所示；专家评审意见通过网页向组委会提交。

图 8　云平台在线评审界面之一

图 9　云平台在线评审界面之二